高等职业教育“十三五”规划教材
烹饪工艺与营养专业培训教材

冷拼制作工艺

张胜来
刘文勇
郝志阔
主编

江苏大学出版社
JIANGSU UNIVERSITY PRESS
·镇江·

图书在版编目(CIP)数据

冷拼制作工艺/张胜来,刘文勇,郝志阔主编. —
镇江:江苏大学出版社,2015.8(2022.8 重印)
ISBN 978-7-5684-0011-4

Ⅰ.①冷… Ⅱ.①张… ②刘… ③郝… Ⅲ.①中式菜肴—凉菜—制作—高等职业教育—教材Ⅳ.
①TS972.114

中国版本图书馆 CIP 数据核字(2015)第 201601 号

冷拼制作工艺

Lengpin Zhizuo Gongyi

主　　编/张胜来　刘文勇　郝志阔
责任编辑/张　平
出版发行/江苏大学出版社
地　　址/江苏省镇江市京口区学府路 301 号(邮编:212013)
电　　话/0511-84446464(传真)
网　　址/http://press.ujs.edu.cn
排　　版/镇江文苑制版印刷有限责任公司
印　　刷/镇江文苑制版印刷有限责任公司
开　　本/787 mm×1 092 mm　1/16
印　　张/16.75
字　　数/332 千字
版　　次/2015 年 8 月第 1 版
印　　次/2022 年 8 月第 8 次印刷
书　　号/ISBN 978-7-5684-0011-4
定　　价/49.00 元

如有印装质量问题请与本社营销部联系(电话:0511-84440882)

编　委　会

主　编： 张胜来　刘文勇　郝志阔

副主编： 王广胜　左　旦　孙传虎　丁德龙

主　审： 吴志华　李　红

编写人员：

张胜来　江苏食品药品职业技术学院

王广胜　辽宁现代服务职业技术学院

刘文勇　江苏省淮安技师学院

左　旦　安徽工商职业学院

孙传虎　江苏省淮阴商业学校

丁德龙　青岛酒店管理职业技术学院

丁玉勇　江苏食品药品职业技术学院

蔡义华　三峡旅游职业技术学院

李　军　青岛酒店管理职业技术学院

于志鹏　黑龙江旅游职业技术学院

卞志敏　淮安市开元名都酒店

贾永康　无锡艾迪花园酒店

肖劲松　无锡艾迪花园酒店

杜文宗　淮安市月季花园酒店

姬寿坤　中华人民共和国驻南非大使馆

郝志阔　广东环境保护工程职业学院

叶小文　广东环境保护工程职业学院

前　言

冷拼制作工艺是高职烹饪工艺与营养专业的核心课程之一,也是中式烹调师培训的必修课程,对应的是中餐厨房中的冷菜岗位。通过本课程的教学,学生能够掌握冷菜的基础知识、冷菜的制作技能及冷菜岗位的工作方法,提高在冷菜岗位的工作能力,为今后参加冷菜岗位的工作打下坚实的基础。

本书以《国家中长期教育改革和发展纲要(2010—2020年)》“提高教育教学质量”的要求为方针,贯彻落实中共中央、国务院《关于深化教育改革全面推进素质教育的决定》的精神,依据中式烹调师中级和高级职业标准及知识与技能要求,结合餐饮行业冷菜制作规范编定而成。

本书采用“项目—任务”的编写体例,每个任务的教学内容既保持相对的独立性与针对性,又能与其他任务之间产生有机联系,形成一个完整的项目。全书围绕冷菜岗位工作规范、岗位工作程序、岗位技能设计与开发,以“基础—提高—拓展”的思路安排教学内容。书中以典型中式冷菜作品设计与制作为核心内容,吸收了很多新的烹饪技能,突出冷菜制作中的新技术的运用,不断拓展冷菜设计、制作的新思路与新方法。本书以厨房冷菜岗位为工作背景,让学生在真实情境中学习并掌握中式冷菜制作规范与技能。

本书旨在全面提高学生的职业素质、冷菜岗位工作能力、冷拼的设计与创新能力;确立以学生为主体的教学观,运用问题与探究、列表分析、实地考察、访问等教学方法与手段提高学生的实践操作能力与创新能力。每一任务中的“知识链接”和“启发教学案例”均与制作任务紧密相关,突出知识在厨房工作中的运用,以及知识与专业技能的迁移和类化。任务采取个人练习与团队协作练习相结合、能力训练与知识学习相结合的方式,培养学生的自主学习能力和集体协作精神。

本书旨在使学生的素质目标、知识目标、能力目标相统一。学生的素质目标包括:遵守纪律，服从安排，刻苦习艺，规范操作；具有良好的职业素养、较强的工作责任意识和团队合作精神，以及争当名厨的信念。学生的知识目标包括：了解中式冷菜制作的基本知识、中式冷菜的主要典型作品及当今流行的中式冷菜；熟知冷菜的制作方法、冷菜的营养平衡与卫生控制、饮食科学与科学烹调等知识；熟知中式冷菜的创新方法。学生的能力目标包括：掌握中式冷菜的基本制作方法；理解典型中式冷菜的制作要领；能运用所学知识和技能制作中高档中餐宴会的冷菜，能创新设计和制作相关的主题冷拼。

本书由张胜来、刘文勇、郝志阔担任主编，王广胜、左旦、孙传虎、丁德龙担任副主编，吴志华和李红担任主审，参与编写的人员有卞志敏、杜文宗、姬寿坤、肖劲松、贾永康、蔡义华、李军、于志鹏等。编写具体分工如下：张胜来编写项目一、项目二部分内容、项目三部分内容、项目四部分内容和项目五；刘文勇编写项目二和项目四的部分内容；左旦编写项目三部分内容；王广胜、孙传虎、丁德龙、蔡义华、李军、于志鹏负责统稿和校对；卞志敏、贾永康、杜文宗、肖劲松、姬寿坤、于溥春、李波涛、朱红星、逄健、王婷婷负责全书教学图片的拍摄；张胜来、刘文勇、丁玉勇、郝志阔、周佳佳、叶小文等负责全书的策划、设计等工作。

本书在编写过程中参阅了大量专家学者的相关文献，得到了编写人员单位和业内知名专家的大力支持与帮助，在此一并向他们表示感谢！

由于编写时间仓促，考虑不够周密，加之编者水平有限，书中难免存在不足之处，恳请广大读者提出宝贵意见和建议，以便今后再版时进行修订和完善。

编　者

2015 年 6 月

目 录

项目一 认知冷菜基础知识

1. 项目介绍

冷菜基础知识是指冷菜从业人员在冷菜制作过程中应该掌握和必备的知识。冷菜制作初学者首先学习冷菜知识是非常必要的，这对他们今后从事冷菜的生产、销售和管理活动均具有重要意义。

本项目需要学习的知识主要包括：冷菜的基本概念、制作类别、历史渊源、特点、地位和作用，冷菜制作过程中营养素的变化、营养素的保护措施、营养平衡和冷菜的卫生控制等。在学习时要很好地掌握和运用这些知识。

2. 项目目标

* 熟知冷菜的基本概念、制作类别和特点
* 了解冷菜制作的发展简史
* 掌握冷菜的特点与常用加工方法
* 了解冷菜在宴席中的地位和作用
* 熟知冷菜加工过程中营养素的变化及保护措施，力求做到营养平衡
* 掌握冷菜加工中的卫生常识，确保冷菜的卫生和食用的安全

3. 重点和难点

* 冷菜的基本概念与制作类别
* 冷菜的特点、地位和作用
* 冷菜加工过程中营养素的变化和保护措施，力求做到营养平衡
* 冷菜的卫生与安全控制

一、 冷菜及冷拼的概念

冷菜，这一概念在全国各地的说法不一。南方多用“冷”字称呼，如“冷盆”“冷菜”“冷碟”“冷荤”等；北方则用“凉”字来称呼，如“凉菜”“凉盘”“凉碟”等。无论是冷菜还是凉菜，从实质上来说，它们之间并没有什么本质区别，都是与热菜相对的概念。

相对于热菜而言，“冷菜”更侧重于菜品的温度感观，这也是“冷菜”与“热菜”最主要的区别之一。从另外一个角度来讲，冷菜成品似乎比热菜更加讲究一些，更加突出冷菜的制作和拼摆工艺。

冷菜，就是将可食性原料经过加工整理（包括干货涨发）、刀工成形、初步熟处理、加热（或不加热）、调味、装盘等工序制成的色、香、味、形、质感、营养、意境俱佳的，强人体质、益人健康的，专门在常温及常温以下食用的一类特殊菜品。

冷拼是以冷菜为原料，采用特定的刀法和拼摆技法，按照一定的组织形式和拼摆顺序将可食性冷菜拼摆成山水、花卉、禽鸟、鱼虫、建筑等艺术图案，专门供就餐者食用和欣赏的一门冷菜拼摆艺术。

冷菜制作是将可食性食品原料经过加工制作成常温下可以食用的冷菜，并加以切配和艺术拼摆，以达到特定美食效果的一门技术。由此可见，冷菜制作过程主要分为两个部分：一是将可食性食品原料加工成常温下可以食用的冷菜；二是将冷菜切配装盘，当然也包括艺术拼摆和点缀。

冷菜制作是烹饪的一个重要组成部分，而中国的冷菜制作尤以历史悠久、技术精湛、风味独特而著称于世，多少年来，很多厨师和烹饪工作者都在继承和发展着这门技术。他们根据季节、原料性质及食客嗜好的不同而采用不同的烹调方法和刀工技法，拼摆出各种图案的艺术拼盘，这些拼盘具有造型逼真、色彩艳丽、刀工精细、口味多样的特点。有时还会在大型艺术拼盘的周围放上一组不同口味、不同色彩、不同图案的围碟，使主题更加突出、色彩更加丰富，在提高冷菜食用价值的同时，把饮食享受与艺术欣赏巧妙地结合在一起，产生一种美的艺术效果。

二、 冷菜制作类别

根据冷菜制作工艺的不同，我们通常把冷菜制作的类型分为两种：

一种是热制凉食型冷菜。这类冷菜在制作时所选用的原料需要经过加热工序，同时也可辅以切配和调味，制成菜品以后进行散热冷却，待冷却后再装盘食用。冷菜中的绝大部分菜品都是采用这一方法制作而成的，如五香牛肉、盐水鸭、红油鱼片、油爆大虾、冻羊糕、椒麻鸡丝等。可以说，这是制作冷菜的主要方法。

另一种是凉制凉食型冷菜。这类冷菜在制作时所选用的原料不需要经过加热工序，而是将原料经过初步加工整理和消毒，加以切配和调味后直接食用。这种方法在冷菜制作中也经常被使用，主要用于一些新鲜的植物性原料，如拌黄瓜、姜汁莴笋、酸辣白菜等；也适用于一些鲜活的动物性烹饪原料的加工，如腐乳炝虾、醉蟹等。

这两种冷菜类型既可以单独使用，也可混合使用。烹饪工作者可以根据顾客的喜好、原料的性质、菜品制作工艺等因素灵活运用。

另外，根据冷菜的食品性质、制作方法、口味、装盘类型、装盘样式、构图形式、应用的不同，还可以对冷菜从以下不同角度来划分：

（1）按照食品的性质划分：冷荤、冷素。

（2）按照制作方法划分：酱、卤、醉、拌、炝、糟、熏、挂霜、煮、浸、泡等。

（3）按照口味划分：咸鲜、糖醋、麻辣、水果味、糟香味等。

（4）按照装盘类型来划分：单拼、双拼、三拼、六拼、什锦拼、艺术拼盘（花式拼盘）等。

（5）按照装盘的样式划分：馒头型、四方型、高山型、小桥流水型、自然堆落型等。

（6）按照冷菜的应用来划分：主盘、围碟或食用盘、看盘。

（7）按照冷菜的构图形式划分：建筑类、花卉类、动物类、人物类、器皿类等。

三、冷菜制作的历史渊源

（一）唐宋以前

唐宋以前冷菜制作已经是饮食生活的一项重要内容，可以从一个侧面体现整个社会的等级文化，如肴馔的优雅、丰盛、奢侈是富贵阶层经济和权力的直接体现。因此，我们可以通过上层社会的餐桌现象来探讨中国冷菜制作工艺形成与发展的轨迹。根据史料推断，冷菜制作的起源大概可以追溯到三千多年以前的殷商时期，当时各代帝王在祭祀他们的祖先时，都曾使用牛鼎、鹿鼎等盛器来供奉祭品。祭祀完毕，所有参加祭祀的人都围在鼎周围饱餐一顿。这就是古籍中记载的“殷人尊神，率民以事神，先鬼而后礼也”。

春秋战国时期，我国出现了雕刻禽蛋之说，《管子》曾记载：“雕卵然取之，所以发积藏，散万物。”这种雕刻手法的运用其实就是我国冷菜食品雕刻的先导，可能也是世界上最早的食品雕刻了。

（二）唐宋时期

到了唐宋时期，冷菜制作在我国历史上已经具备一定的艺术性。唐代韦巨源在招待唐天子的《烧尾宴·食单》中记载了用五种肉(羊肉、猪肉、牛肉、熊肉、鹿肉)拼制的“五生盘”。宋代陶谷在《清异录·馔羞门》中记载:“比丘尼梵正,庖制精巧,用鲊臛、脍脯、醯酱、瓜蔬,黄赤杂色,斗成景物。若坐及二十人,则人装一景,合成辋川小样。”这段记载说的就是:在五代时期有个尼姑,名字叫梵正,制作的菜品十分精巧,她将腌制的鱼肉,炖制的肉、肉丝、肉脯、肉茸,酱制的瓜果、蔬菜等不同色彩的冷菜原料,拼摆成不同的景物形态。如果在座的有 20 个人,每个人都有一个冷菜,每个冷菜都是一个色彩亮丽的风景,如果把这 20 个盘子组合起来,就构成了唐代诗人王维晚年隐居的“辋川小样”图景,画面中有山、有水、有花木、有庭院、有馆舍,也有亭阁。这是我国古代史上第一个有记载的大型风景类冷菜艺术作品,它与绘画艺术高度融合为一体。如果不懂绘画艺术和烹调技术,或者说没有将两者很好地结合,是很难达到如此境界的。由此可见,在唐宋时期,我国的冷菜制作艺术已经达到了相当高的境界。

(三)明清时期

这个阶段是烹饪艺术发展的全盛时期,宴席规模空前鼎盛,菜品品种也是前世无法企及的,出现了燕窝席、鱼翅席、海参席、全羊席、全鳝席、豚蹄席、全鸭席等。按照宴席规模,有十六碟、十二碟、八碟、十大件、八大吃、八大碗等名目。这一时期,食品雕刻也有了新的发展,文字记载中出现了“西瓜灯”雕刻,即在西瓜皮上镂刻花卉、人物、鱼虫等艺术图案。康熙、雍正年间,黄之隽在《西瓜灯十八韵》中描述道:“瓣少瓤多方脱手,绿深翠浅但存皮。纤峰剖出玲珑雪,薄质雕成宛转丝。”这说明当时的西瓜灯雕刻技艺已经非常成熟了。

(四)新中国成立之后

新中国成立之后,党和政府高度重视烹饪教育事业的发展,创办了各种各样的烹饪学校、培训机构和研究机构,久负盛名的传统名肴得到很好地继承和发展,冷菜制作当然也不例外。如今的冷菜已经不再局限于四个对拼八样、八个对拼十六样及什锦拼盘了。

随着历史的沿革,我国冷菜技艺也在不断提高和发展。冷菜逐渐独立于热菜,成为一个独具特色的菜品系列。冷菜的饮食等级逐渐由贵族宴饮独嗜转变为平民百姓共享,品种从单调贫乏发展到丰富多样,工艺技术由简单粗糙发展到精湛细腻。尤其是近半个世纪以来,我国的冷菜工艺技术在广大烹饪工作者的共同努力和不断创新下,更是突飞猛进,冷菜品种层出不穷、数以万计,拼摆的艺术形式也从以前的平面拼摆逐渐向半立体和全立体拼摆方向发展。烹饪工作者还在不断地探求新的生活素材,这大大提高了拼摆的食用性、思想性和艺术性。冷菜品种中出现了诸如“百花斗艳”“硕果累累”“喜庆丰收”“欢乐鱼童”等名品,冷菜艺术也成为我国烹饪艺坛中的一朵鲜艳的奇葩。

食品雕刻的技艺越来越高,适用范围也越来越广泛,雕刻材料由单纯的果蔬类原料,逐渐拓展到动物性原料;雕刻成品也从具有单纯的观赏性,逐渐发展为同时具有食用性、观赏性和艺术性。食品雕刻、冷菜拼摆、面点艺术及面塑的有机结合,使中式冷拼与西式冷拼在艺术形式上有了融合。

四、冷菜的特点

冷菜作为可以独立食用并且颇具特色的一类菜品,与热菜相比,具有以下特点:

1. 选料讲究

冷菜制作在选料上相对于热菜而言更为讲究,因为有些冷菜在制作过程中只调味,不加热;有些冷菜不宜煮至酥烂,只需要七八成熟。用于炝拌的冷菜要保持原色和鲜嫩状态,放入热锅中一烫就好,所以选择的原料一定要新鲜、脆嫩、无毒。根据冷菜制作的需要,对原料的品种、生产季节、产地,甚至对一个大型原料的档位选择都很考究,否则不但会影响冷菜质量,有时甚至还会引起食物中毒。

2. 烹调时多用调辅料增香

冷菜与热菜在烹调上区别很大,绝大部分冷菜不需要挂糊、上浆、勾芡,而热菜则相反;有些冷菜只调不烹,而所有的热菜均需要加热烹制;冷菜一般无汁不腻,在常温以下通过咀嚼来慢慢体验香味,热菜则多靠挥发性成分起香。因此,绝大部分冷菜在烹调时都使用了各种各样的香料和调料,而且一般多用芝麻油、花生油、橄榄油等香味比较浓的食用油。

3. 易于保存

冷菜是在常温及常温以下进行食用的一种菜品,能承受较低的冷却温度,温度对其风味的影响不像对热菜那样大。就这一点而言,在一定的时间范围内,冷菜能较长时间地保持其风味特色。冷菜的这一性质与特点,恰恰符合了宴饮节奏缓慢的需要。

4. 易于造型

冷菜大多干爽少汁,因此,冷菜比热菜更便于造型、更富有美化装饰效果,尤其利于刀功的表现。将两种或更多品种的冷菜拼合于一盘时,可避免其卤汁相浸,"串味"的现象较少。

5. 配菜具有多样性与统一性

冷菜一般是多样菜品同时上桌,与热菜相比更具有配菜的多样性和统一性。一组冷菜是一个整体,具有更为紧密和明显的相互配合性。在口味、色彩、造型、质感、食材种类、盛器和营养等方面应该是多样性和统一的有机结合。

6. 卫生要求严格

冷菜经切配拼摆装盘后,即可直接供客人食用。因此,冷菜比热菜更易被污染、更容易引发食品安全事故,故而需要更为严格的卫生环境、卫生设备与卫生规范化操作。

五、冷菜的地位和作用

冷菜，无论是在正规的宴席上还是在家宴中，总是与客人首先“见面”。因此，冷菜素有宴席的“脸面”之称，也常被人们称为“迎宾菜”，是宴席的“序曲”。所以，冷菜拼盘的美观程度直接影响着人们的赴宴情绪，关系着整个宴席程序进展的质量效果，起着“先声夺人”的作用。

俗话说：良好的开端，等于成功的一半。如果这道“迎宾菜”能让赴宴者在视觉上、味觉上和心理上都感到愉悦，使赴宴者获得美的享受，使宴席气氛活跃、宾主兴致勃发，就会促进宾主之间的感情交流及宴会高潮的形成，为整个宴会的顺利进行奠定良好的基础。反之，质量低劣的冷菜，则会令赴宴者兴味索然，甚至使整个宴会场面尴尬、宾客扫兴而归。

如果说在一般宴席中冷菜有“先声夺人”的作用的话，那么，冷菜在冷餐酒会中的地位和作用就更为重要了。

1. 冷菜的地位

中国自古素有“无冷不成席”的说法，冷菜是宴席的重要组成部分，是当代宴席中不可或缺的菜品。冷菜不会因为菜品温度的变化而改变滋味，一般在常温下食用，是宴席的佐酒佳肴，符合人们边食边谈的习惯。如今，尤其在大型宴席上，更少不了冷菜，而且冷菜的数量几乎接近热菜的数量，冷菜的规格档次直接反映了宴席的规格和档次。冷菜不仅可以作为宴席的重要组成，而且也可以独立成席，如冷餐酒会等。

冷菜制作独具一格。冷菜制作与热菜不同，常用的冷菜制作方法有酱、卤、炝、拌等十几种，在制作上讲究味深入骨、香透肌理、干香鲜醇、无汁不腻。由于其制作方法别具一格，冷菜制作历来被列为炉头四大工种之一。

冷菜的地位无法被取代。一般性宴席由很多菜品共同组成，冷菜即使在某些方面小有失误，通过其他菜式（如热菜、点心、甜菜或水果等）还能得到一定程度的弥补和纠正。但在冷餐酒会中，冷菜贯穿宴饮的始终，并一直处于主角地位，可谓是上演着“独角戏”。如果冷菜在色彩、造型、拼摆、口味或质感上，哪怕只有一点小小的失误，其他菜式都无法出场“补台”，并且始终都会影响着赴宴者的情绪及整个宴会的气氛。由此可见，冷菜的地位和作用在冷餐酒会中是非常重要的。

2. 冷菜的作用

随着人民生活水平的提高和物质生活的改善，旅游成了人们生活的一个部分。冷菜在促进旅游事业的发展，以及在繁荣经济、活跃市场、丰富人们的生活方面具有不可估量的影响和作用。

目前,无论是在宾馆、饭店、酒楼,或是在小食店、大排档的菜品销量中,冷菜都占有相当大的比重。相信随着烹饪文化的不断发展和人民生活水平的不断提高,冷菜的地位和作用将会更加显著。总体来说,冷菜的作用可以归纳为如下四个方面:

(1) 刺激食欲,活跃宴席气氛

冷菜通常作为宴席的第一道菜品,其色、香、味、形等各个方面均会直接影响顾客对整个宴席的评价,特别是一些千姿百态的艺术拼盘,会使人心旷神怡、兴趣盎然,有身临其境之感,不仅能刺激人们的食欲,对活跃整个宴席气氛也能起到锦上添花的作用。

(2) 缓和制作热菜的节奏

冷菜不像热菜那样受温度的局限很大,也不需要随做随吃,可以提前准备、大量制作。客人来了以后,先上冷菜,让客人边喝酒边吃冷菜,然后再上热菜,这样可以很大程度上缓解烹饪人员制作热菜的压力和时间的紧张。

(3) 作为橱窗陈列,起到广告作用

冷菜由于具有造型美观、色彩鲜艳、香味浓郁、干爽不腻、容易保存的特点,因而可以作为橱窗陈列的理想菜品。用冷菜进行橱窗陈列,不仅可以直观地反映企业经营面貌,也可以展示厨师的技艺水平,还能美化店面,以此来招揽顾客、拓展业务、增加收入,起到有效的广告效应。

(4) 携带便捷,繁荣旅游市场

冷菜具有味道丰富、干香少汁、便于包装、便于携带、在常温下可以食用等特点,所以,冷菜作为旅游食品或馈赠佳品,深受广大旅游者的喜爱。

可将我国旅游事业的蓬勃发展与冷菜生产工艺、食品工业化结合起来,从而生产出更多既便于携带又不会影响风味的速食食品,在国内外销售,增加国民收入。

六、 冷菜制作过程中营养素的变化

烹饪可以使菜品具有独特的风味特色,如鲜美的滋味、悦目的色彩、美观的形态、多变的质感和诱人的香气等,从而引起人们旺盛的食欲。而且,烹饪后的菜品有助于人体的消化吸收,同时,还可以杀灭烹饪原料中有害的微生物,保证菜品的卫生。然而,由于烹饪原料的种类不同、属性不一,在烹饪过程中所采用的烹制方法也各不相同,如调味的类型、加热过程中火候的使用、初步加工过程中方法的选用等。这样一来,烹饪原料中的各种营养素也会因采用烹制方法的不同而产生不同程度的变化。

菜品中的营养素,可因加工方法、调味类别、加热形式等因素的影响而导致一定程度的损失,使其原有的营养价值降低。营养素的损失主要是由流失和破坏两个因素造成的。

1. 流失

流失是指菜品中的营养素失去了其完整性。在某些物理因素，如日光、盐渍、淘洗等的作用下等，营养物质通过蒸发、渗出或溶解于水中而丢失，致使营养素损失。

(1) 蒸发

蒸发是指由于日晒或热空气的作用，食物中的水分蒸发、脂肪外溢，从而使食物干枯。阳光的紫外线是造成维生素破坏的主要因素。在此过程中，维生素 C 损失较大，同时还有部分风味物质被破坏，因而食物的鲜味也受到一定的影响。

(2) 渗出

渗出是指由于食物的完整性受到损伤，或因添加了某些高渗物质如盐、糖等，改变了食物内部渗透压，使食物中水分渗出，某些营养物质也随之外溢，从而使营养素，如脂肪、维生素等，有不同程度的损失。在盐腌或糖渍的菜品中容易发生营养素渗出现象。

(3) 溶解

烹饪原料在初加工、切配、烹制过程中，若方法不当，则可能会使水溶性蛋白质和维生素溶于水中，随着淘洗水或汤汁被丢弃而流失，从而造成营养素的损失。如蔬菜切洗不当可损失 20% 左右的维生素；大米多次搓洗可丢失 43% 左右的维生素 B_1 和 5% 左右的蛋白质；动物性原料焯水不当可失去部分脂肪和 5% 左右的蛋白质。

2. 破坏

破坏是指食物中的营养素因受物理、化学或生物因素的作用，营养物质分解、氧化、腐败、霉变等，使食物失去了原有的基本特性。破坏的原因主要是食物保管不善或加工方法不当等致使食物霉变、腐烂、生芽等。蛋品的胚胎发育、高温烹制、不适当的加碱、加热时间过长及菜品烹制后放置的时间过长等，都可使营养素遭到破坏。

(1) 高温作用

烹饪原料在高温环境烹制时，如油炸、油煎、烟熏、烘烤或长时间炖焖等，菜品受热面积大、受热时间长，某些易损营养素会被破坏。例如油炸菜品的维生素 B_1 会损失 60% 左右、维生素 B_2 会损失 40% 左右、尼克酸会损失 50% 左右，而维生素 C 几乎全部被破坏。

(2) 化学因素

化学因素对食物营养素的破坏有下列三种情况：一是由于配菜不当，将含鞣酸、草酸过多的原料与含蛋白质、钙类较多的食物原料一起烹制或同食。这些物质相结合会形成不能被人体消化吸收的鞣酸蛋白、草酸钙等，从而降低食物的营养价值，甚至还能引起人体的结石症。二是不恰当地使用食碱。在菜品的烹制过程中，食碱的不恰当使用(如绿色蔬菜焯水时加碱等)，会使原料中的 B 族维生素和维生素 C 遭到很大程度的破坏。对于需加碱的菜品也一定要限量添加。三是脂肪氧化酸败也是营养物质受损的一种因素。动植物类脂肪在光、热等因素的作用下会发生氧化酸败，在失去脂肪的食用价值的同时还会使脂溶性维生素受到破坏。

(3) 生物因素

这主要是指食物自身生物酶的作用和微生物的侵袭。蛋类的胚胎发育、蔬菜的呼吸作用和发芽，以及食物的霉变、腐败变质等，都会造成食物营养价值的改变。

七、 冷菜制作过程中营养素的保护措施

1. 调味对营养素的保护和利用

调味工艺的对象是烹饪原料，而每类烹饪原料在营养素的种类和含量上都有的特点。如肉类烹饪原料含有较多蛋白质、脂肪、一定比例的无机盐及一些脂溶性维生素，但缺乏碳水化合物（包括膳食纤维）、水溶性维生素；植物性原料正好相反，含有丰富的无机盐、水溶性维生素、部分脂溶性维生素、纤维素和果胶类物质，有些蔬菜中还含有丰富的可消化的碳水化合物；动物内脏中含有丰富的维生素、无机盐、蛋白质、脂肪等营养物质。在调味过程中，应根据各类烹饪原料在营养素种类和分布上的特点，合理科学地选用调味方法和调味品。调味方法、调味原料及味型选择得当，则可使烹饪原料中的各种营养素能充分地被人体消化、吸收。

例如我们常见的冷菜菜品酥鲫鱼、糖醋排骨、五香熏鱼等，在制作过程中通过加醋来调味，促进了肉骨、鱼骨中钙离子的析出，便于人体消化吸收。这类调味方法的使用，就充分发挥了动物性原料骨骼中含钙量高的优势，而且这类酸甜的味型，又易促进食欲，更适合于正在生长发育的青少年及儿童，是较成功的提供钙离子的冷菜菜品。当然，这些菜品对口腔咀嚼功能较好的老年人也非常适宜，可以使老年人的钙吸收量得以改善，对预防老年性骨质疏松症有一定的积极意义。

再如含维生素C较为丰富的植物性烹饪原料，如黄瓜、青椒、荷藕、萝卜、生菜、白菜等，在调味过程中也宜用醋或酸味调味品。因为维生素C对光很敏感，且易遭氧化破坏，但在酸性环境中维生素C较为稳定，可免遭破坏损失。因此，酸辣荷藕、糖醋萝卜、果味黄瓜、糖醋青椒、酸辣白菜等菜品，都最大限度地保护了烹饪原料中维生素C的供给量。

2. 制作方法对营养素的保护

多年来，风鸡、风鱼、腊肉或水晶肴蹄、干切牛肉、五香狗肉等冷菜都深受人们的青睐，但这些菜品在加工过程中均是先用盐进行腌制的。在腌制过程中，肌肉中的蛋白质在微生物和酶的作用下会分解产生大量的胺，而腌制用的粗盐中含有杂质亚硝酸盐，胺与亚硝酸盐结合形成亚硝胺，这就会使这些腌腊制品中亚硝基化合物的含量增高。而且，在我国传

统的烹饪技艺中，有很多肉类冷菜为了增色的需要，在腌制加工过程中常加入一定量的发色剂——亚硝酸盐（烹饪界称之为“硝”），这就更增加了腌腊制品中亚硝胺的含量。我们知道，亚硝基化合物对人体有较强的致癌作用，多次摄入体内能产生肿瘤，一次性大剂量摄入也可产生急性中毒反应。营养学家在动物实验中还发现，摄入亚硝基化合物不仅使成年动物产生肿瘤，妊娠动物摄入一定量后还可通过胎盘使子代动物致癌。可喜的是，营养学家通过实验发现维生素 C 可以抑制亚硝胺对人体的致癌作用，维生素 E 也有抑制亚硝基化合物形成的作用。因此，在冷菜的组配过程中，如果使用了风鸡、腊肉等动物类的腌腊制品，则应多配用一些含维生素 C 较高的新鲜蔬菜或水果，使亚硝胺等有害物质对人体健康的影响降到最低。

在冷菜的制作过程中，烟熏和烘烤是我们常用的两种制作方法，一些地区对这两种方法的使用非常普遍。烟熏和烘烤制品可谓我国一些地方风味特色的典型代表。在烟熏或烘烤过程中，燃料的燃烧会产生稠环芳烃类物质而使菜品受到污染；冷菜原料中的油脂在高温下热解也可产生苯并[a]芘，苯并[a]芘等稠环芳烃类物质具有强烈的致癌作用。近来营养学家发现，维生素 A 可以保护消化道粘膜，并抑制苯并[a]芘对消化道粘膜的致癌作用。因此，当我们在组配冷菜时，若使用了烟熏或烘烤类冷菜，就应有意识地配以含维生素 A 或含胡萝卜素较高的冷菜材料，如动物的肝脏、有色蔬菜等，以防止稠环芳烃类物质对人体产生危害。

八、冷菜的营养平衡

冷菜的营养平衡是指营养素的供给量和供给比例达到全面平衡。这意味着就餐者不仅在热能和营养素上满足生理需要，而且要在各种营养素间建立起一种生理上的平衡。例如作为热能来源的三种生热营养素平衡，热能消耗量与维生素 B_1、维生素 B_2 和尼克酸之间的平衡，蛋白质中必需氨基酸的平衡，饱和与不饱和脂肪酸之间的平衡，可消化的碳水化合物与膳食纤维之间的平衡等。

将营养平衡的观点运用于冷菜制作过程中，主要体现在以下几个方面：

1. 原料选择的多样化

一般情况下，冷菜制作所选用的原料存在着这样的倾向性，即动物性原料如禽类、水产类及畜类肉制品所占的比例较大，而乳制品、豆类及豆制品和植物性原料所占的比例较小。虽然肉类制品含有丰富的优质蛋白质、饱和脂肪酸及脂溶性维生素，但是，这种以肉制品为主要原料的冷菜往往会缺乏碳水化合物、水溶性维生素、无机盐及膳食纤维。所以，为使冷菜中各种营养素都能满足人体的需要，在进行原料的选择时，最基本的要求是所选择的原料种类应多样化。只有选用多种原料进行搭配使用,才可能使冷菜所含的营养素种类较为齐全。

2. 热能消耗量与维生素 B_1、维生素 B_2 和尼克酸之间的平衡

维生素 B_1 进入人体后,被磷酸化为硫胺素焦磷酸;维生素 B_2 是人体许多酶系统中辅酶的成分,例如黄素蛋白在组织呼吸过程中起传递氢体的作用,与能量代谢有密切关系;尼克酸以尼克酰胺的形式在体内构成辅酶 A 和辅酶 B,是组织代谢中非常重要的递氢体。这三种维生素与人体的能量代谢关系密切,所以其供给量是根据能量消耗比例供给的。

3. 饱和脂肪酸与不饱和脂肪酸之间的平衡

冷菜中动物性原料所占的比例相对较大,动物性脂肪中饱和脂肪酸的含量较高,而冷菜在烹制过程中多用植物油,植物油中不饱和脂肪酸含量较高。因此,在冷菜菜品中又存在着饱和脂肪酸与不饱和脂肪酸之间的平衡问题。

一般而言,不饱和脂肪酸熔点低、消化吸收率高,并且含有必需脂肪酸,因而其营养价值比较高;而饱和脂肪酸熔点高、消化吸收率较低,因而其营养价值较低。但这仅仅是一个方面。不饱和脂肪酸能降低心血管系统疾病的发生概率,但摄入过多则会增加体内的不饱和游离基团。

4. 酸性和碱性的平衡

一般来说,蛋白质含量较高的菜品是酸性的,而大多数蔬菜和水果则是碱性的,因此,一组冷菜应保持酸碱平衡,即要保持蛋白类食品和果蔬类食品量的平衡,哪一种过多或过少都会对人体不利。食物的酸性或碱性会影响体液的 pH 值,从而对人体健康产生一定的影响。

九、 冷菜的卫生控制

冷菜和热菜在制作工艺程序上最大的差别就是:热菜一般是先切配后烹制调味;而冷菜一般则是先烹制调味后切配装盘。也就是说,冷菜经过刀工处理、拼摆装盘后直接供客人食用。冷菜在刀工处理和拼摆过程中,因周围环境及其自身氧化等因素的影响极易被污染或发生腐败、变质,轻者导致食物的废弃,重者引起食物中毒,影响人体健康。故而,与热菜制作相比,冷菜的制作需要更加严格的卫生控制,更需要符合卫生的规范化操作。

1. 环境的卫生要求

由于冷菜在制作工艺程序上有其特殊性,因而在饮食行业中往往被列为一个相对独立的部门,谓之熟食间、冷菜间或冷碟房。这种专门从事冷菜制作的场所应是无蝇、无鼠、无蟑螂、四壁光亮、窗明几净、无油腻污垢、无灰尘等相对隔绝的环境,以防冷菜受到污染。冷

菜间还应有换气通风设备及恒温设施，以保持环境空气新鲜并控制操作人员的体液排出，创造无汗的工作环境。环境温度一般控制在10～20℃为宜。

2. 冷菜加工工具的卫生控制

冷菜的制作离不开与冷菜直接接触的加工工具，如各种刀具、夹子、镊子、模具、砧板和各类盛器等，这些工具始终都与冷菜直接接触。因此，这些工具都应该专门使用，不受其他部门的干扰，并且在使用前必须采取严格的杀菌消毒(如高温消毒或消毒液清洗等)，而且还要做到生、熟分开加工(即烹饪行业内所谓的“双刀双板”)，以确保加工冷菜的刀具、砧板等绝不加工生料，以防止生料的血渍、黏液或生水等通过工具对冷菜造成污染。

3. 冷菜间设备的卫生控制

冷菜间中常用的设备是存放冷菜的冰箱、冰柜、货橱及摆放冷菜原料或冷菜菜品的操作台、货架等。冰箱或冰柜内的温度控制在5～10℃为宜，这样既不会影响所存放冷菜材料的风味特色，同时也能抑制微生物的生长与繁殖。

要每天清理冰箱或冰柜，并定期彻底清洗，始终保持其清洁卫生。冰箱或冰柜内所存放的冷菜均需用保鲜膜分别密封，以防止冷菜在存放过程中受到污染，同时，也防止各种冷菜的相互“串味”。

应使用不锈钢材料的操作台、货橱或货架。一是防止因环境潮湿生锈而污染冷菜菜品；二是便于清除油腻污物，彻底铲除微生物生长、繁殖的“根基”。每天都要清洗这些设备，保持其整洁卫生。

4. 冷菜制作过程中的卫生要求

冷菜制作过程中的卫生要求，归纳起来有以下几个方面：

(1) 洗手消毒

在冷菜的制作过程中，手与冷菜直接接触。因此，冷菜间的工作人员在进入冷菜间加工操作之前对手的消毒尤为重要，不可忽视。一般可用3%的高锰酸钾溶液或其他消毒液浸洗，也可用70%的酒精擦洗，确保手的清洁卫生。

(2) 穿工作服，戴工作帽

冷菜间的工作人员在进冷菜间操作前必须穿工作服、工作鞋，戴工作帽和口罩，并严禁他人随便出入冷菜间，以免冷菜或冷菜间的环境受到污染。

(3) 冷菜制作的时间与速度要求

冷菜间工作人员的冷菜制作工艺技术应娴熟、迅速和准确，尽量缩短冷菜菜品的成形时间。因为冷菜的拼摆时间越长，菜品遭受污染的可能性就越大。一般而言，小型单碟冷菜宜在数分钟内完成，即使是相对较为复杂的大型“花式冷拼”，亦应在30分钟之内完成。

5. 冷菜的保鲜要求

所有的冷菜成形后，均应立即加盖（有的冷菜餐具带盖）或用保鲜膜密封放置，直至就餐者入座后由服务生揭去保鲜膜（或盖）供就餐者食用。这样既可以防止冷菜受到污染，同时也可以保持菜品应有的水分，以免冷菜因失水而变形、变色，影响菜品应有的风味特色。

采用动物性烹饪原料制作而成的冷菜，如腐乳叉烧肉、五香酱牛肉、盐水鸭等，多是当日剩余可在第二天继续使用。对于当日剩余的冷菜，当天一定要重新回锅加热，待冷却后加以冷藏保存，并需在次日使用前重新对其加热，以免冷菜受污染而变质。另外，对于夏季的冷菜，每隔 6 小时就应将其回锅加热烹制一次，这样，才能确保冷菜的清洁卫生。

6. 冷菜点缀中的卫生要求

在冷菜工艺中，点缀是一种装饰技术，通过点缀能使冷菜在色、形等方面更加和谐与完整，但点缀材料一般并不具有食用的直接意义。然而，从卫生的角度而言，点缀的卫生程度与冷菜的质量有着密切的关联，因此，同样不可大意。在冷菜的制作过程中，常会选用一些小型的瓜果或蔬菜原料进行点缀。在使用前必须将原料清洗干净，并严格消毒，杜绝用生水清洗后直接使用，严禁使用不可生食的瓜果或蔬菜原料（如土豆、南瓜、茄子、四季豆等）进行点缀，以免造成菜品的污染。

7. 工作人员个人的卫生要求

冷菜间的工作人员，要特别注意个人卫生，应做到勤洗澡勤理发、勤换衣服、勤剪指甲等。工作人员严禁佩戴金银等首饰（尤其是手链、戒指等）直接操作。另外，冷菜间的工作人员还需定期进行身体检查，严格做到持证（健康证）上岗。一旦发现患有传染病者，应立即将其调离，并将冷菜间进行彻底消毒，待其痊愈后才可调回。

8. 冷菜原料的卫生控制

冷菜原料的选择与使用应特别严谨，因为其对冷菜的卫生质量有直接影响。据有关资料统计，食物中毒事件中，绝大部分都是由于原料的品质、质量不符合卫生要求而引起的。要杜绝使用腐败、变质、发霉、虫蛀及有异味的原料，把好原料卫生这一关。对于一些瓜果蔬菜原料，应选用“绿色蔬菜”，严禁使用农药残留量较多的原料。只有这样，冷菜的卫生质量才能从根本上得到保障。

项目二 冷菜制作

1. 项目介绍

冷菜制作方法是指能够把可食性烹饪原料加工成食用冷菜的方法。这种冷菜是宴席菜品中最基本、使用最广泛的一种。就餐人数不同，冷菜数量也不同，通常以单盘形式呈现出来，如“四单盘”“六单盘”“八单盘”等。菜与菜之间、盘与盘之间注重合理组配，讲究荤素搭配，以达到合理配膳的目的。

制作风味单盘常用的烹调方法有拌、炝、腌、糟、醉、煮、冻、酥、烤、泡、浸、熏等；常见的味型主要有咸鲜、糖醋、蜜汁、酸辣、麻辣、干香、葱香、蒜香、麻香等。

单盘以一种原料为主，份量在 150 克左右，一般选用 5 寸盘或 7 寸盘，以单独成菜的形式装盘。盛器一般以瓷器为主，有时也选用玻璃器皿、竹器、陶器等。运用切、批、拍、斩等刀工手法加工成型，采用堆、围、复、排、摆等拼摆手法造型。

2. 项目目标

* 熟知冷菜原料的选择和采购、原料及半成品加工、菜品制作、保鲜等工作过程
* 掌握原料的初加工和半成品的加工方法
* 掌握冷菜的制作方法和味型的调制方法
* 掌握冷菜原料切配的刀工手法、拼摆手法与冷菜实践操作规范
* 学会控制冷菜份量、掌握造型原则与盛装要求
* 掌握冷菜制作的工艺流程
* 学会独立或合作完成冷菜制作的工作任务

3. 重点和难点

* 冷菜原料的加工方法
* 冷菜的制作方法
* 味汁的调制方法
* 冷菜原料切配的刀工手法与拼摆手法
* 对冷菜操作规范的掌握与运用
* 把握各种不同冷菜在份量上的统一性
* 独立或合作完成冷菜制作的工作任务

任务一　制作蓑衣黄瓜

◆任务介绍

根据黄瓜脆嫩的特点，采用生拌的冷菜制作方法，用蒜泥搭配，白绿映衬、口味鲜美。冷菜成品口味咸鲜、蒜香浓郁、脆嫩爽口。制作时将黄瓜洗净、消毒、剞上蓑衣花刀、切成块状，用盐腌制后稍稍挤去水分，用蒜泥、精盐、味精、芝麻油等调味品调味拌匀，并采用排和堆的装盘手法完成造型。冷菜造型美观、形态饱满、形似仓顶，体现出黄瓜脆嫩爽口的风味特色。

◆教学目标

* 熟知蓑衣黄瓜的造型设计、原料选购及用量、菜品制作、装盘与保鲜的工作过程
* 掌握蓑衣黄瓜的加工方法及冷菜制作的实践操作规范
* 根据风味单盘的造型原则与要求完成蓑衣黄瓜冷菜的装盘，掌握其方法与操作关键
* 掌握风味单盘制作的工艺流程
* 根据风味单盘的制作要求举一反三，学会类似冷菜的制作方法
* 学会独立或合作完成蓑衣黄瓜冷菜制作的工作任务

◆重点与难点

* 蓑衣黄瓜冷菜原料的选择与质量控制
* 蓑衣花刀的剞制方法
* 蒜泥的味型调制
* 制作蓑衣黄瓜的操作要求与规范
* 蓑衣黄瓜的装盘份量控制
* 蓑衣黄瓜的装盘造型要求
* 举一反三，学会并掌握类似冷菜的制作方法
* 独立或合作完成蓑衣黄瓜制作的工作任务

任务分析

制作蓑衣黄瓜分造型设计、原料选购及用量、菜品制作、装盘与保鲜五个步骤，具体分析如下：

1. 造型设计

选用圆形盘，堆成仓顶形；也可选用方形盘，依然堆成仓顶形，采用新鲜的花草或果蔬进行点缀以突出整体效果。

2. 原料选购及用量

（1）原料选购

黄瓜以含水量足、成熟适度、新鲜脆嫩、光泽好、无空心、无种子者为上乘。要求黄瓜单果重量≥200克，且无腐烂、无畸形、无异味、无病虫害、无冻害、皮色均匀。挑选黄瓜时应注意选用初夏的嫩黄瓜，这种黄瓜皮薄、质脆、水分充足、不蔫萎、不空心、无种子，用手指甲可以轻松地掐进去，这样才可保证成菜水份多、口感好、嚼之无渣。从外观上应选把短条直、粗细均匀、不弯曲、个头中等、大小整齐、形状匀称、瓜身顺直、颜色亮绿有光泽、顶花带嫩刺的黄瓜，这样的黄瓜比较新鲜。注意不要选用激素催熟的黄瓜，这种黄瓜的特征是顶部粗大、顶花色泽鲜艳且不易脱落（正常成熟的黄瓜，顶花自然脱落），食用此类黄瓜对人体不利。同时，也不能选择颜色太绿的黄瓜，这样的黄瓜会有苦涩味。

黄瓜贮藏的方法很考究。在炎热的夏天，将黄瓜尾部朝上浸在冷水里，入水四分之三深，每天换一次水，可存放7～20天；也可在水里加一些食盐，使水成为淡盐水，再把黄瓜放入其中，水底会喷出许多小气泡，从而增加水中的含氧量，利于黄瓜保鲜。另一种方法是将新鲜黄瓜装在塑料袋内，扎紧袋口，放在阴凉通风处，每天打开一次袋口来通风换气，可使黄瓜保鲜5～6天。

大蒜又叫蒜头、大蒜头、胡蒜、葫、独蒜、独头蒜，是蒜类植物的统称。大蒜种类繁多，依蒜头皮色的不同，可分为白皮蒜和紫皮蒜；依蒜瓣多少，又可分为大瓣种和小瓣种。白皮蒜的蒜瓣外皮呈白色，辣味淡，耐寒，耐贮藏。白皮蒜有大白皮和狗牙蒜两种，前者蒜头大、瓣均匀；后者蒜瓣极为细碎（多者20～30瓣），食用时剥皮费工。紫皮蒜的蒜瓣外皮呈紫红色，瓣少而肥大，辣味浓厚，品质佳。

（2）原料用量

黄瓜200克、大蒜10克、精盐3克、味精1克、芝麻油8克。原料组合如图2-1-1所示。

图2-1-1

3. 菜品制作

(1) 烹调工艺流程

原料清洗→剞花刀→改刀成形→调拌入味

(2) 制作步骤

第一步:将选购来的黄瓜放在浓度 0.5% 的淡盐水或浓度 0.2% 的高锰酸钾溶液中浸泡 2 分钟,充分去除虫卵和有机磷农药残留,然后将黄瓜放入清水中漂洗干净。

图 2-1-2

第二步:将黄瓜用平刀法批成两片;将其平面向下、半圆面向上放在砧板上,用刀的尖端剞上蓑衣花刀,切至黄瓜宽度的 4/5 处时,再改刀切成 1 厘米长的段。剞花刀效果如图 2-1-2 所示。

第三步:将切好的蓑衣黄瓜放在洁净的碗内加盐腌制 5 分钟,然后用手挤去水分待用。

第四步:将大蒜拍松、剁成蒜泥加入盛黄瓜的碗中,再加入味精、芝麻油拌匀即可。

制作要领:

(1) 操作时要把好卫生关,黄瓜消毒洗净,砧板、刀等工具应生熟分开使用。

(2) 调味不可过咸,要清爽利口,也可用三合油来调味。

4. 装盘

将拌好的蓑衣黄瓜逐个用刀向内压平(注意要朝着同一个方向压)成扇形,将扇形的大头朝着盘边逐个排放整齐形成一个圈,中间用黄瓜垫平;然后稍微缩进一点再摆第二层,中间再垫平;再用同样的方法摆第三层,直至摆到盘顶为止,最上面放蒜茸点缀即可。装盘效果如图 2-1-3 所示。

图 2-1-3

如果选用长方形盘子,可以按照同样的方法在盘子的一头或一角进行装盘,菜品占盘子容量的 2/3,在另一头或对角处用新鲜的果蔬或花草进行点缀。

5. 保鲜

蓑衣黄瓜装盘后,应立即用保鲜膜或保鲜罩盖住盘面,放在 10 ~ 20℃ 的室温环境中进行保鲜,食用时揭开即可直接上桌。这样能防止菜品受到污染,并保持菜品应有的水分和风味特色。用保鲜膜封盖时,应将保鲜膜拉直,整齐撕下,注意动作应轻盈快速,不能破坏盘内造型。

任务实施

1. 示范

用多媒体讲解工作流程、操作示范;成品展示、复述要领。学生品尝,集中讨论。

2. 下达"工作任务计划书"

工作任务计划书内容及要求如下:

(1) 参照蓑衣黄瓜的任务分析,分解工作任务,如菜品装盘图案设计、黄瓜的选购、菜品制作、装盘及保鲜等。

(2) 按蓑衣黄瓜的制作步骤进行制作,注意黄瓜的初加工方法、蓑衣刀的剞制和规格形状的控制。

(3) 蓑衣黄瓜的制作以个人制作为主,原料选购则可采取合作的方式进行。

(4) "原料选购"一栏要写明黄瓜的色泽、质地、形状等。应能够事先了解市场行情,并对拟购买的原料进行估价。

3. 学生制作(个人练习)

(1) 原料、制作方法同"示范"。

(2) 练习要求:要掌握黄瓜的选购要领、蓑衣花刀的加工方法、腌制时间、调味拌制方法、装盘技巧、保鲜方法等。在制作菜品时,一定要保持黄瓜脆嫩爽口;装盘时堆放要整齐有序、形态饱满、成仓顶形。

任务评价

1. 自我评价

该评价主体是学生,由学生参照该菜品应有的评定标准对其制作的冷菜成品进行自我评价,参照表 1-1-1 的内容执行并将训练情况如实地填入表内。

表 1-1-1 "蓑衣黄瓜"制作自我评价表

主要工艺环节	操作规范执行情况	存在问题	解决思路与方法
造型设计			
原料选购			
菜品制作			
装盘			
保鲜			

2. 教师评价

任课教师或指导教师在学生自我评价的基础上，参照该冷菜应有的标准和操作规范对学生作品进行综合评价，并将分值填入表1-1-2中。

表1-1-2 教师参照标准评价表

指标 / 分值 / 姓名	制作速度	标准数量	色泽	质感	口味	刀工	造型	合计
	20	10	10	10	10	20	20	

问题讨论

1. 黄瓜和大蒜的品质体现了蓑衣黄瓜的风味特色，如何选择黄瓜和大蒜？

探究途径：(1) 收集有关黄瓜和大蒜的知识；(2) 实地考察(如菜场、超市等)；(3) 小组讨论与交流。

2. 黄瓜的刀工成形是蓑衣黄瓜造型的关键，除了将黄瓜加工成蓑衣状以外，还可以加工成其他什么形状？

3. 除了黄瓜以外，还可选用哪些原料制作类似的冷菜？

以上问题可以通过列表分析的方法对各个关键点进行分析和探讨，如表1-1-3所示。这种发散性思维有助于学生举一反三、触类旁通。

表1-1-3 关键点分析表

菜品名称	原料	原料性状	花刀类型	加工方法	装盘方法

知识链接(一) 冷菜的烹调方法——拌

1. 拌的概念

拌,即将可食的生料或晾凉的熟料加工切配成丁、丝、片、条、块等较小的形状,然后直接加入调味品调拌成菜的一种方法。

用拌法制作冷菜,操作工艺简单,运用极其普遍。该方法可使用的原料也极其广泛,包括山珍海味、禽畜鱼鲜、瓜果蔬菜等,因此人们通常将冷菜统称为“凉拌菜”。拌制菜品的调味品主要有精盐、味精、白糖、酱油、香醋、芝麻油等。在调味过程中,多用无色调味品或三合油调拌。因菜品不同,也可在基本味的基础上,根据食用者口味的需要和原料的性质,酌情加入蒜泥、姜末、葱花、辣椒油、海鲜酱、复合油等调味品。拌菜的味型多样,常见的有咸鲜味、糖醋味、酸辣味、麻辣味、蒜泥味、姜汁味、红油味和怪味等。

拌类菜品具有鲜嫩柔脆、清淡爽口、味型多样、清鲜香醇、味透肌理、脆嫩爽口、少汁不腻、滋润开胃的特点。

2. 拌的方法分类

拌的方法在具体应用中有生拌、熟拌和生熟混合拌之分。

(1) 生拌,即将可食的生料洗净、消毒、改刀后,加入调味品调拌入味的方法。此方法是典型的生制吃菜的制法,用料多为新鲜脆嫩、含水量较高的植物性原料,刀工成形以丝、小条、薄片、小块等居多。

(2) 熟拌,即把烹制成熟的原料晾凉后加入调味品调拌成菜的方法。熟处理的方法有炸制、煮制、焯水、汆制等,应根据原料特性和具体菜品的质感灵活运用熟处理方法。如制作姜汁菠菜时,通常选用焯水的熟处理方法,在焯水时要把握好菠菜断生的程度,并将菠菜迅速出锅降温、保色,这样才能保证菜品具有色泽鲜艳、细嫩爽滑、清香味鲜的特点。

(3) 生熟混合拌,即将生料和熟料分别加工(如改刀、手撕)成一定形状,按不同比例混合在一起后,再加入调味品调拌成菜的方法。生熟原料混拌,要注意生熟原料搭配的比例,且必须将熟料晾凉,否则影响菜品的色泽和形态。

3. 拌的操作关键

(1) 应选用新鲜无异味、质地细嫩、滋味鲜美的原料。

生拌的材料,应选择新鲜脆嫩的蔬菜或其他可生食的材料,如黄瓜、莴笋、番茄、生菜、圆白菜、鲜蛏子、三文鱼等。熟拌的材料宜选肉类和部分不宜生食的蔬菜,如兔肉、鸡肉、鸭肉、羊肚、猪耳朵、羊肉、鱼肉、猪肉及土豆、茄子、豆角等。

(2) 要将生拌菜的原料消毒、洗净,或用沸水焯一下,把好卫生关,以保证食品的健康安全;熟拌菜的原料熟处理要恰当;对生熟拌的菜品进行装盘时要将熟料盖在生料上。

(3) 应根据菜品的质量要求和加工特点选择合理的刀工方法。拌菜的原料,根据成菜的质量要求,有的是加热前对拌菜原料做刀工处理,有的是加热后做刀工处理。其刀工形状多是丝、片、条、块等,或剞成各种花刀。为了使成菜形状美观、口感良好,应根据原料的特点进行刀工处理。对于质硬的土豆和质嫩的豆腐,同样是切丝,后者就应粗于前者;对于质韧的熟猪耳和易碎的熟牛肉,同样是切片,后者就应厚于前者。不论处理成何种形状,均要做到粗细均匀、长短一致、互不粘连、大小相宜且规格相同。原料成形除了使用刀切外,还可以用"撕"的技法,这一技法适宜于熟禽、畜肉类和叶类蔬菜,如将熟马肉、驴肉等顺肌纹撕成细丝;又如将白菜叶等撕成大块。

(4) 必须在正式拌制之前将熟拌的原料进行加热成熟,常用熟制方法主要有白煮、白卤、白浸、白焯和白蒸等。

(5) 拌制菜品一律使用精制植物油;原料成形要一致,味型把握要准确,拌制入味要均匀。

(6) 调味常用的方法有以下几种:① 将加工好的材料放在小盆内,加入各种调味品拌匀后装盘即可。② 把加工好的原料装在盘中,淋上事先调好的味汁即可。对于浇汁类菜品要讲究调味技巧,一定要突出原料的色彩和形状。③ 把加工好的原料装在盘中,随事先调好的味碟一起上桌,蘸食即可。

知识链接(二) 冷菜的调味小常识

1. 冷菜的常见味型

冷菜的常见味型有咸鲜味型、咸甜味型、甜酸味型、咸酸味型、甜香味型、咸辣味型、咸香味型、酸辣味型、怪味味型、鱼香味型等。调味汁是味型的具体体现,每类味型包含若干种相近的复合味汁。如咸鲜味型有盐味汁、姜汁味汁、葱油味汁、糟香味汁、麻酱味汁等;咸辣味型有红油味汁、麻辣味汁、芥末味汁等;咸香味型有椒麻味汁、咖喱味汁等。

2. 冷菜的调味方法

冷菜的调味方法是指在冷菜制作过程中对菜品施味的具体手段。根据烹制方法和不同菜品的特点,冷菜的调味方法主要有以下几种:

(1) 直接用所需的调味品拌制成菜,如蒜泥黄瓜。

(2) 使用调配好的复合味汁调味成菜,在使用复合味汁时又有拌味装盘、装盘淋味汁和味碟蘸食三种主要方法。

(3) 将原料腌渍调味后进行熟处理,然后再冷却成菜,如芝麻鱼排。

(4) 在熟处理过程中调味成菜,如卤兰花干。

知识链接(三) 蒜泥味在冷菜中的应用

蒜泥味是冷菜常用的味汁之一,其特点是在咸鲜味的基础上重用蒜泥,使成菜咸鲜微甜、蒜香浓郁。由于大蒜含有挥发性的大蒜素,具有消毒、杀菌等作用,用于动物内脏等冷荤菜品的调味还有去腥、解腻、提鲜的作用,因此,蒜泥味是春夏季制作冷菜常用的味汁。蒜泥味菜品包括蒜泥空心菜、蒜泥黄瓜、蒜泥豆角、蒜泥白肉、蒜泥蛤蜊等。此味汁可直接淋入装盘的鸡丝、肚丝、拌白肉等冷菜中,也可拌入原料然后装盘。

蒜泥味汁的调制方法很简单,将去皮的大蒜加少量植物油捣成蒜茸(或机器搅),再加入精盐、味精、辣椒油、芝麻油和适量鲜汤调匀即成。在调制过程中,要把握好各种调味品的用量,除重用蒜泥、突出大蒜的辛辣味外,精盐、味精所组成的咸鲜味亦应浓厚,辣椒油与芝麻油的用量要少,仅起到辅助、和味和增香的作用,不能喧宾夺主。用蒜泥味汁调拌的菜品不宜久放,久置不仅会使菜品失掉鲜美香味,而且会使菜品呈现一种刺鼻的臭味,所以宜拌后即食。

启发教学案例

蓑衣黄瓜是以黄瓜为原料,采用生拌的方法制作而成的冷菜。在生产实践中,熟拌和生熟混合拌也是常用的方法,下面就以蒜酱猪手和莴笋拌鸡丝为例,介绍熟拌和生熟混合拌的制作方法。

案例1 蒜酱猪手

1. 原料选用

新鲜的猪手500克,以猪前蹄爪为好,表皮洁白、没有爪壳和毛发、没有异味。

大蒜20克、青椒10克、生抽8克、精盐3克、味精2克、葱段8克、生姜片6克、料酒15克、芝麻油6克。

2. 工艺步骤

猪手斩块→焯水洗净→水煮成熟→调拌入味→装盘造型

3. 制作步骤

第一步:将猪手斩成块状,用清水漂洗干净,放入冷水锅中焯水,焯透后用冷水洗净。

第二步:猪手复放入锅中,加清水(漫过猪手)、葱段、姜片、料酒,用旺火烧沸后转小火焐透(用筷子轻轻一戳便能戳透),捞入凉开水中略微浸凉。

第三步:将浸凉后的猪手捞入盆中,加入蒜泥、生抽、青椒、精盐、味精、芝麻油拌匀装盘即可。装盘效果如图2-1-4所示。

4. 制作要领

图 2-1-4

（1）一定要选取新鲜、无异味的优质猪手，否则加工出来的猪手就会有一种异味，令人难以下咽。

（2）将猪手斩成块后，一定要用冷水锅对其焯水，最好反复多焯几次，充分去除其中的异味。

（3）猪手在锅中一定要先用旺火烧沸，再用小火充分焐透，否则猪手中的营养物质和风味物质会大量流失。如果焐不透，则会不方便食用。

（4）要在猪手没有凉透的时候加入调味品拌制，否则不容易充分入味。

5. 菜品特点

猪手酥烂脱骨、糯而不腻，口味咸鲜、蒜香浓郁。

案例 2　莴笋拌鸡丝

1. 原料选用

新鲜的鸡脯肉 250 克、莴笋 100 克、鸡蛋清 20 克、生抽 2 克、味精 1 克、精盐 2.5 克、料酒 5 克、香醋 1 克、芝麻油 5 克、水淀粉 3 克、色拉油 500 克（实耗 3 克）。

2. 工艺流程

主配料分别切丝→鸡丝上浆滑油→莴笋丝盐腌去苦涩味→入盛器调拌入味→装盘造型

3. 制作步骤

图 2-1-5

第一步：将鸡脯肉切成 5 厘米长的细丝，用清水将血水漂洗干净，沥干水分后放入碗中，加入鸡蛋清、精盐、味精、料酒腌渍上浆。

第二步：将莴笋削去皮，用 0.3% 浓度的高锰酸钾溶液消毒将其洗净后切成细丝，加入少许精盐腌渍 5 分钟，然后挤去水分待用。

第三步：起锅上火烧热，倒入色拉油，油至四成热时放进鸡丝滑油至熟，然后倒入漏勺沥油，待油沥净后放入碗中。将莴笋丝也放入碗中，加入生抽、精盐、味精、香醋、芝麻油调味拌匀装入盘中即可，装盘效果如图 2-1-5 所示。

4. 制作要领

（1）鸡丝要切得粗细均匀，用清水漂洗干净后再上浆，否则鸡丝不仅色泽发暗，而且会有异味。

(2) 鸡丝滑油时一定要控制好油温和加热时间,而且要充分划散,待鸡丝一断生立即将其捞出沥油,不能使鸡丝出现结块。莴笋质地脆嫩、含水量多,因此在拌制前要先用盐腌渍片刻以去除莴笋的苦涩味,挤去水分后再用。

5. 菜品特点

菜品白绿相间,鸡丝滑嫩、笋丝脆爽。

任务二 制作炝腰花

◆任务介绍

根据猪腰的质感特点,采用炝的冷菜制作方法,配以香菜和黑木耳,用姜米、酱油、香醋、胡椒粉、花椒油等调味品进行调味。冷菜成品红绿相衬、色调淡雅、质地脆嫩、味道鲜香。制作时将猪腰平批成两半,批去腰臊,剞上麦穗花刀,切成长方块,焯水后与氽熟的黑木耳、香菜一起趁热拌匀调味,并采用堆的装盘手法完成造型。冷菜造型美观、形态饱满、色泽搭配醒目,体现出腰花脆嫩、胡椒味和花椒油味突出的风味特色。

◆任务目标

* 熟知炝腰花的造型设计、原料选购及用量、菜品制作、装盘、保鲜的工作过程
* 掌握炝腰花的原料加工方法及冷菜制作的实践操作规范和方法
* 根据风味单盘的造型原则与要求完成炝腰花冷菜的装盘,掌握其方法与操作关键
* 掌握风味单盘制作的工艺流程
* 根据风味单盘的制作要求举一反三,学会类似冷菜的制作方法
* 学会独立或合作完成炝腰花冷菜制作的工作任务

◆重点与难点

* 炝腰花冷菜原料的选择与质量控制
* 腰花的加工方法
* 炝腰花的味型调制
* 制作炝腰花的操作要求与规范
* 炝腰花的装盘份量控制
* 炝腰花的装盘造型要求
* 举一反三,学会并掌握类似冷菜的制作方法
* 独立或合作完成炝腰花冷菜制作的工作任务

任务分析

制作炝腰花分造型设计、原料选购及用量、菜品制作、装盘与保鲜五个步骤，具体分析如下：

1. 造型设计

选用圆盘或长盘，堆成自然堆落形，盘边用果蔬或鲜花稍作点缀；也可选用深盘或高脚碗盛装，依然保持自然堆落形，使用少许红椒丝或姜丝进行点缀，充分突出菜品的整体效果。

2. 原料选购及用量

（1）原料选购

猪腰，又叫猪肾、猪腰子，是猪的泌尿系统，主要含蛋白质、铁、维生素、磷、钙、碳水化合物、脂肪等营养素，略呈椭圆形。在选购时，应该选择颜色鲜红、肉质弹性足、外披一层薄膜、表面略微湿润、异味小的猪腰。如果猪腰呈粉红或乳白色，则说明其不健康或不新鲜，不宜选购。

（2）原料用量

猪腰 2 只（约重 350 克）、香菜 10 克、水发黑木耳 20 克、酱油 25 克、味精 2 克、白糖 5 克、姜米 10 克、蒜泥 5 克、胡椒粉 1.5 克、芝麻油 5 克、花椒油 6 克；香醋 15 克、菜籽油 5 克、精盐 3 克（以上用于搓洗和调味）；葱段 15 克、姜片 10 克、料酒 15 克（以上用于浸泡）。原料组合如图 2-2-1 所示。

图 2-2-1

3. 菜品制作

（1）烹调工艺流程

撕去猪腰表面皮膜→去腰臊→剞花刀→盐醋揉洗→清水浸泡→水烫至熟→配料加工制熟→调味装盘

（2）制作步骤

第一步：将猪腰外层的皮膜去掉，将猪腰顺长批成两片，如图 2-2-2 所示；用平刀法批去腰臊，并将猪腰剞上麦穗花刀，改切成长方块，如图 2-2-3 所示；然后将腰花放在碗中，加盐 3 克、醋 5 克、菜籽油 5 克搓揉去除黏液和异味，用清水漂洗干净后再将腰花放入水中，加入葱段、姜片、料酒、花椒浸泡 30 分钟左右。水发黑木耳摘洗干净；香菜洗净，切成段备用。

图 2-2-2

图 2-2-3

第二步：锅内放入清水烧沸，放入腰花，氽至其断生、卷成麦穗状时立即捞出，用洁净纱布吸干水分，放入大碗中。再将黑木耳放入沸水中烫一下，捞出、吸干水分一同放入碗中。

第三步：将酱油、香醋、白糖、味精、姜米、蒜泥等调味料放入小碗中调匀，倒入腰花中，撒上香菜段、胡椒粉，淋上芝麻油拌匀。起锅上火，加入色拉油烧至七成热，放入花椒，炸出香味（捞出花椒不用）制成花椒油，并将花椒油倒入盛有腰花的碗中，加盖略焖，使腰花入味。

4．装盘

炝腰花采用堆的手法装盘，要求堆成自然堆落形，形态饱满，可在盘子的一边用鲜花或果蔬进行点缀和衬托。除了堆的手法以外，还可用高脚碗盛装，即先将香菜放在碗底，再放入腰花和木耳，高度超过碗口，浇上调味汁，并在上面放少许生姜丝和红椒丝，既可食用，又起点缀作用。装盘效果如图 2-2-4 所示。

图 2-2-4

5．保鲜

炝腰花装盘后，应立即用保鲜膜或保鲜罩盖住盘面，放在 10 ~ 20℃的室温环境中进行保鲜，食用时揭开即可直接上桌。这样能防止菜品受到污染，并保持菜品应有的水分和风味特色。用保鲜膜封盖时，应将保鲜膜拉直，整齐撕下，注意动作应轻盈快速，不能破坏盘内造型。

任务实施

1．示范

用多媒体讲解任务流程、操作示范；成品展示、复述要领。学生品尝，集中讨论。

2. 下达“冷菜制作工作任务计划书”

工作任务计划书内容及要求如下：

(1) 参照炝腰花的任务分析，分解工作任务，如菜品装盘图案设计、猪腰及调辅料的选购、菜品制作、装盘及保鲜等。

(2) 按炝腰花的制作步骤进行制作，注意猪腰的加工方法、剞花刀、刀工成形、调味汁的调制和装盘方法等。在加工过程中一定要把腰臊去净；烫制时水要沸，时间要把握恰当，腰花断生即可，确保腰花脆嫩。

(3) 炝腰花的制作以个人制作为主，原料选购可采取合作的方式进行。

(4) “原料选购”一栏要写明猪腰的色泽、大小、气味等。应能够事先了解市场行情，并对拟购买的原料进行估价。

3. 学生制作(个人练习)

(1) 原料、制作方法同“示范”。

(2) 练习要求：要掌握猪腰及调辅料的选择、剞花刀、刀工成形、调味汁的调制和装盘方法；注意掌握腰花的汆制时间，断生即可，确保腰花脆嫩爽口；装盘时的堆放要整齐有序、形态饱满、成自然堆落形。

(3) 拓展练习：炝腰花的配料可以选用笋、荸荠、青椒或红椒、韭苔、莴笋、毛豆米、山药、木耳等；可以根据色彩搭配原则，配上青、红、白色配料进行创新练习。此外，在炝制时使用芝麻油而不用花椒油。

任务评价

1. 自我评价

该评价主体是学生，由学生参照该菜品应有的评定标准对其制作的冷菜成品进行自我评价，参照菜品应有的质量标准——口味咸鲜、色调淡雅、质地脆嫩、味道鲜香，按照表2-2-1的内容执行并将训练情况如实地填入表内。

表2-2-1 “炝腰花”制作自我评价表

主要工艺环节	操作规范执行情况	存在问题	解决思路与方法
造型设计			
原料选购			
菜品制作			
装盘			
保鲜			

2. 教师评价

任课教师或指导教师在学生自我评价的基础上，参照该冷菜应有的标准和操作规范对学生作品进行综合评价，并将分值填入表 2-2-2 中。

表 2-2-2　教师参照标准评价表

指标 / 分值 / 姓名	制作速度	标准数量	色泽	质感	口味	刀工	造型	合计
	20	10	10	10	10	20	20	

问题讨论

1. 猪腰及调辅料的品质体现了炝腰花的风味特色，如何选择猪腰和黑木耳？

探究途径：(1) 收集有关猪腰和黑木耳的知识；(2) 实地考察(如菜场、超市等)；(3) 小组讨论与交流。

2. 猪腰的剞花刀与刀工成形是炝腰花造型的关键，除了将猪腰加工成麦穗状以外，还可以加工成其他什么形状？

3. 在加工猪腰时为什么要先用盐、醋搓洗，再用葱姜水浸泡？

4. 除了猪腰以外，还可选用哪些原料制作类似的冷菜？

以上问题可以通过列表分析的方法对各个关键点进行分析和探讨，如表 2-2-3 所示。

表 2-2-3　关键点分析表

菜品名称	原料	形状要求	质地要求	花刀类型	加工方法分析

知识链接（一）　冷菜的烹调方法——炝

1．炝的概念

炝，即将加工成小型的新鲜动、植物性原料加热成熟并趁热加入具有挥发性成分的调味品，或将鲜活的小型动物性原料直接用多量并具有刺激性的调味品调拌，使浓烈的滋味炝到原料中入味的方法。

炝制菜品的原料以动物性原料为主，并且多加工成片、丝、细条、小丁等形状，目的是使原料易熟、易入味，并保证其鲜嫩、脆嫩或软嫩的质感，如鸡肉、鱼肉、腰子、活虾等动物性原料或冬笋、芹菜、蚕豆等脆嫩的植物性原料。炝菜常用的调味品有精盐、味精、姜、蒜、花椒油、胡椒粉、芥末等。

炝类菜品具有质感脆爽、浓郁芳香、滑润油亮的特点。

2．炝的方法分类

根据原料加热与否，炝可分为熟炝和生炝两种。

（1）熟炝，指先用水氽或过油等方式将原料进行预加热成熟，再加入调味品炝制的一种方法。

先用水氽熟再进行炝制的方法又称焯水炝，是将动物性原料或植物性原料用沸水焯至断生，捞出沥水，加入调味品、淋上花椒油（或芝麻油）拌匀成菜的方法。宜于水氽的原料多以质地脆嫩、含水量较低的动植物原料为主。氽制时，水应够多，且要煮沸，速度要快；氽至原料断生且有脆度和嫩度为好；蔬菜捞出后应立即用冷水浸凉。采用氽制的菜品有炝鱼片、炝肫片、炝虎尾、开洋炝芹菜等。

先过油制熟而后再进行炝制成菜的方法又称滑油炝。该法先将原料码味上浆，然后用温油滑熟，捞出沥去油分，加入花椒油或芝麻油、胡椒粉等调味品拌匀成菜的方法。滑油炝宜用于质地脆嫩的动物性原料。原料改刀必须均匀；滑油时要掌握好油温和时间，把握好成熟度。使用滑油炝制作的菜品有滑炝鸡丝、滑炝虾仁、炝姜丝里脊等。

有些荤素相配的炝菜，采用水氽和过油两种成熟方法，业内称之为焯滑炝。菜品有炝虾仁豌豆、炝里脊云豆等。

（2）生炝，指将经消毒洗净的小型、整只生料或加工成薄片、细丝、小段的鲜活原料，不经预熟处理，直接加调味品炝拌成菜的方法。菜品有腐乳炝虾、生炝鱼丝等。生炝菜品具有清爽适口、鲜香浓郁的特点，但必需选择鲜活的原料，并需在调味过程中加入白酒、生姜米、胡椒粉或芥末等，以达到杀菌和调味的效果。要十分重视生炝菜的卫生和安全问题。

3. 炝的操作关键

（1）应选用新鲜、细嫩、清香和富有质感特色的原料，满足炝菜的要求。

（2）刀工处理要均匀，将原料加工成细小形状或自然形。

（3）水氽、滑油要熟练，保证原料符合菜品鲜嫩、脆嫩或软嫩的质感要求。

（4）原料在拌炝调味时，放入挥发性调味品后须加盖略焖，待其渗透入味后再装盘。

知识链接（二） 拌和炝的区别

拌和炝是冷菜制作最常用的方法。炝菜的调味方法常以拌的形式出现。拌和炝的差异在于：

1. 在使用调料上，炝多采用花椒油、胡椒粉、生姜、芥末等带有挥发性成分的调味品，将其浓烈的滋味炝到原料内部；拌则采用无色调味品居多，较少使用有色调味品，更追求清淡爽口，力求突出原料的本味。

2. 在使用原料上，炝多用动物性原料，且以熟料为主；拌则以新鲜的植物性原料为主。

3. 在成熟方法上，拌除了可用焯水、氽等快速成熟方法外，还可先用煮等长时间加热法使大块原料成熟，再改成小型料拌制；熟炝则只用水氽或过油的方法使小形料快速成熟，以保证原料脆爽的质感。

知识链接（三） 刺身小常识

刺身是日本料理中最具特色的美食，中国人称其为“生鱼片”，即将新鲜的鱼、贝等原料改刀后装盘，食用时佐以用酱油与山葵泥（芥末）调制成的蘸料的一种生食料理。

刺身的制作有其自身的特点：（1）选料要求新鲜卫生。刺身的原料并不局限于鱼，其原料选择范围比较广泛，可选用北极贝、象拔蚌、鱿鱼、鲣鱼、三文鱼、八爪鱼、甜虾、赤贝、金枪鱼等新鲜的深海鱼虾及贝类，但不用淡水产品和猪、牛、羊肉等，因为这类原料的肉中可能含有寄生虫，不宜生吃。（2）刀工要求熟练，加工的料形要厚薄、大小整齐一致。加工刺身时讲究对不同的原料使用不同的刀具、采用不同的刀法，但都要顶丝切，并根据不同原料的质地控制好片的厚薄。刀与鱼肉的纹理应当呈90°夹角，这样切出的鱼片筋纹短、利于咀嚼、口感也好。刺身的厚度以入口咀嚼方便,既不觉得腻,也不觉得没有味为好,一般鱼片厚度约为0.5厘米,如三文鱼、鲔鱼等;对于肉质硬实、紧密的鱼,要切得薄一些才好食用。

(3) 装盘造型要求美观。刺身的装盘最有特色,可选用浅盘、漆器、瓷器、竹编或陶器等器皿,器皿的形状可以是方形、圆形、船形、五角形、仿古形等。装盘的方法有平面拼摆、四角拼摆和花色拼摆等多种,造型多以山、川、船、岛为图案,原料的数量以三、五、七单数摆列。刺身菜品在入口时要有冰凉的感觉,因而装盘时应先将加工成形的鱼片用冰水泡洗或在盛器中用碎冰打底、铺上保鲜膜后再放上鱼片。

启发教学案例

炝腰花是用猪腰为原料采用焯水炝的方法制作而成的冷菜,除了腰花和木耳等动植物原料以外,还能用其他原料来制作炝菜,下面以腐乳炝虾和炝里脊丝为例,介绍生炝和滑油炝的制作方法。

案例1　腐乳炝虾

1. 原料选用

此菜适宜在春季制作。一定要选择鲜活的河虾,虾壳要有光泽,虾头、虾壳紧密附着虾体,虾壳坚硬结实、无剥落,虾体在5厘米左右。绝对不能选用已经死亡,甚至虾头发红的虾。

鲜活河虾400克、曲酒30克、白酱油50克、精盐2克、味精2克、白糖10克、香醋15克、白胡椒粉3克、红腐乳40克、蒜末5克、姜末5克、芝麻油25克、香菜末10克。

2. 工艺流程

河虾洗净→白酒杀菌→调制卤汁→拌炝成菜

3. 制作步骤

第一步:将鲜活河虾加工整理后(剪去爪和须),用凉开水漂洗干净,捞起,沥干水分后放入盛器中。

第二步:将曲酒(高度优质曲酒)、白胡椒粉、姜末加入虾中,拌匀后加盖密封(杀菌)醉5分钟。

第三步:将红豆腐乳用刀碾成泥状(去腐乳外皮)放入碗中,加入白酱油、盐、糖、醋、味精、蒜泥、姜末、香菜末、芝麻油搅拌均匀,淋于虾中即成。装盘效果如图2-2-5所示。

图2-2-5

4. 制作要领

(1) 此菜俗称“飞飞跳”“满台飞”,因上桌时虾仍在跳蹦而得名,故一定要选用无污染的活虾(忌塘、沟虾,此种虾生长于死水中,虾壳厚且有青苔,又有土腥味)。用玻璃等透明器具盛装最佳。

(2) 由于此菜品用于生食,因此一定要选用较好的高度白酒。虾中倒入白酒后要略醉片刻,以确保杀菌消毒。

(3) 要掌握好各种调味料的用量,这样才能保证口味醇正。调味时,应略多放一些姜末、胡椒粉。

(4) 此菜要现做现吃,不宜久放。若采购后不立即食用,需要将河虾放入黑色塑料袋中,同时放入冰块,并充入臭氧来保鲜(这样河虾不容易死亡)。

5. 菜品特点

腐乳炝虾,又称醉虾,虾肉鲜嫩、口味咸鲜、腐乳香甜、微辣适口,既可增进食欲,更觉妙趣横生。

案例2 炝里脊丝

1. 原料选用

此菜宜选用猪的里脊肉。里脊肉是位于猪肾上方、贴着脊骨底部的一条长肉,又称腰脊肉、腰柳肉,色呈紫红,肌纤长而纯净,为全猪最嫩之肉。此外,制作炝里脊丝还可用外脊肉代替。要选购新鲜的里脊肉,才能保证此菜的风味。不能用黄膘肉、米猪肉及灌水肉等异常的猪肉。

猪里脊肉200克、冬笋100克、香菜5克、精盐5克、味精2克、白胡椒粉3克、芝麻油5克、花椒粒5克、鸡蛋清1只、湿淀粉10克、色拉油500克(约耗40克)。

2. 工艺流程

主配料切丝→里脊肉丝上浆→滑油→炝拌成菜

3. 制作步骤

第一步:将猪里脊肉洗净,批切成长5厘米、截面0.2厘米的细丝,用清水泡去血污,捞出沥水,放容器中,用精盐、鸡蛋清、湿淀粉抓拌上浆。

第二步:将冬笋切成细丝,香菜摘叶洗净待用。

第三步:炒锅放中火上烧热,倒入色拉油,烧至三成热时,放入里脊丝、冬笋丝,滑散至熟时捞出,用凉开水冲凉去油分。

第四步:将里脊丝、冬笋丝放容器内,加盐、味精、白胡椒粉拌匀;锅上火放入芝麻油,下花椒炸香后捞出,将热油浇在里脊丝上,加盖略焖,使其渗透入味,装盘时放香菜叶点缀。

图 2-2-6

装盘效果如图 2-2-6 所示。

4. 制作要领

（1）选料要新鲜，若选用外脊等瘦肉则应先剔除筋络，以保证菜品酥、嫩、香。

（2）刀工要精细，上浆要均匀。肉丝用盐等调料腌渍后再挂上粉浆，可使其营养成分在加热时不外溢，保其鲜香可口。

（3）滑油要热锅、温油，防止粘连；掌握好原料成熟度，肉丝以断生为宜，方觉细嫩鲜香。

5. 菜品特点

菜品色泽淡雅、肉嫩爽口、清香四溢，为夏季佐酒佳肴。

任务三 制作三色萝卜卷

◆任务介绍

根据白萝卜脆嫩的特点，采用腌的制作方法，配以三种不同颜色的蔬菜条。冷菜成品黄、绿、紫色互相映衬，并且口味酸甜、脆嫩爽口。制作时将白萝卜洗净、批成薄片、腌制，然后将胡萝卜、莴笋、紫薯分别切成条状，腌制入味以后分别卷入白萝卜片内，将萝卜卷切成马蹄状，在盘中拼成三朵花状，浇上糖醋汁调味即成。要求运用卷制手法加工成菜，并运用拼摆成型的装盘手法完成造型。冷菜造型美观、形态饱满、色彩艳丽，体现刀工和拼摆手法。白萝卜腌软后卷入三种色泽艳丽的时蔬，上桌大气，视觉冲击力强。

◆任务目标

* 熟知三色萝卜卷的造型设计、原料选购及用量、菜品制作、装盘与保鲜的工作过程
* 掌握三色萝卜卷的原料加工方法及冷菜制作的实践操作规范和方法
* 根据风味单盘的造型原则与要求完成三色萝卜卷的冷菜装盘，掌握其方法与操作关键
* 根据风味单盘的制作要求举一反三，学会类似冷菜的制作方法
* 学会独立或合作完成三色萝卜卷冷菜制作的工作任务

◆重点与难点

* 三色萝卜卷冷菜原料的选择与质量控制
* 白萝卜、胡萝卜、莴笋、紫薯的加工方法
* 糖醋汁的味型调制
* 制作三色萝卜卷的操作要求与规范
* 三色萝卜卷的装盘份量控制
* 三色萝卜卷的造型要求
* 举一反三，学会并掌握类似冷菜的制作方法
* 独立或合作完成三色萝卜卷冷菜制作的工作任务

任务分析

制作三色萝卜卷分造型设计、原料选购及用量、菜品制作、装盘与保鲜五个步骤，具体分析如下：

1. 造型设计

选用圆盘，拼摆成花卉形，花卉边上可用黄瓜做成绿叶和花柄稍作点缀；也可选用长方形盘，将萝卜卷整齐地放在盘子一头，在盘子的另一头用新鲜的果蔬或花草进行点缀。

2. 原料选购及用量

（1）原料选购

白萝卜的选择应注重四看：一看颜色，新鲜白萝卜色泽嫩白；二看重量，新鲜白萝卜掂起来比较重，捏起来表面比较硬实，反之，则表明白萝卜不新鲜；三看根须，如果白萝卜最前面的须是直直的，大多情况下白萝卜是新鲜的，反之，如果白萝卜根须部杂乱无章、分叉多，则有可能是糠心萝卜；四看表面气眼，如果白萝卜表面的气眼排列均匀，并在一条直线上，大多情况下是甜心萝卜，反之则可能会有些辣。

市场上的胡萝卜有三种：一种比较细小，颜色偏红；第二种细小，呈紫红色；第三种比较粗大，颜色偏橙黄色。细小的胡萝卜含糖更多、味道更甜、口感也脆一些。偏紫红色的胡萝卜含有番茄红素最多、营养价值最高；偏红色的胡萝卜所含胡萝卜素和番茄红素比较多，营养价值次之；橙黄色胡萝卜的口感和营养最差。

莴笋以茎叶鲜亮油绿、不枯焦、不抽苔、叶无斑点、不腐烂者为优。

紫薯味道香甜，含有大量的硒元素和花青素，对很多疾病都有预防和治疗作用。选用紫薯时应注意以下几点：① 不要挑圆滚滚的，要选长条形的，其中纺锤形状的味道最好。② 要选表面光滑的，绝对不能选外皮有黑斑的，因为有黑斑的紫薯成熟后有怪味而且有毒。③ 闻起来没有霉味，发霉的紫薯含酮毒素，不可食用。④ 不要购买表皮呈黑色或有褐色斑点的紫薯。⑤ 不能挑选发芽紫薯，因为其虽不似发芽的马铃薯有毒，但口感较差。

（2）原料用量

白萝卜 300 克、胡萝卜 50 克、莴笋 50 克、紫薯 50 克、精盐 20 克、白糖 50 克、白醋 30 克、糖桂花 5 克。原料组合如图 2-3-1 所示。

图 2-3-1

3. 菜品制作

(1) 烹调工艺流程

原料改刀成形→盐腌后卷成卷→浸泡入味→改刀装盘

(2) 制作步骤

第一步:将白萝卜、胡萝卜、莴笋、紫薯去皮、洗净。

第二步:将白萝卜批(或切)成薄片,胡萝卜、莴笋、紫薯分别切成条,用盐腌渍约 10 分钟,如图 2-3-2 所示。

第三步:将白糖、白醋、糖桂花、凉开水放入盛器中充分搅匀,调制成糖醋汁。

第四步:将腌好的白萝卜片逐片摊开,顺其长边分别卷入三种蔬菜条,如图2-3-3所示。

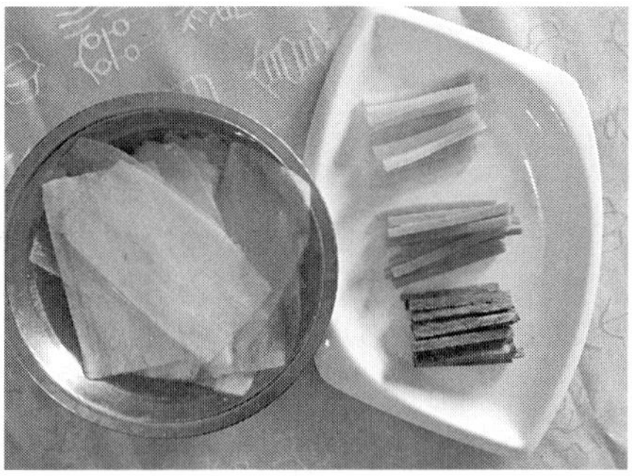

图 2-3-2

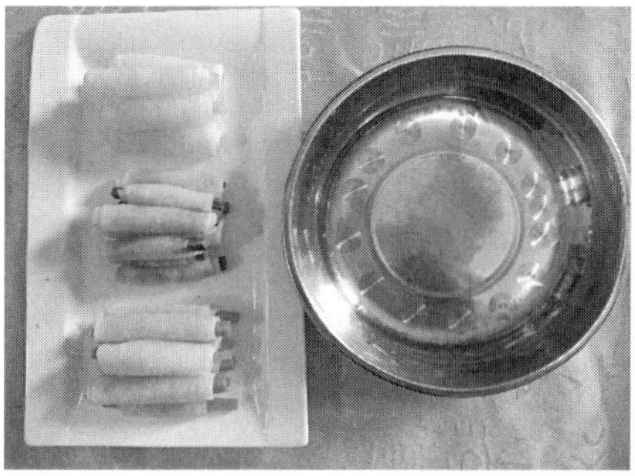

图 2-3-3

第五步:将卷好的萝卜卷放入糖醋汁中浸泡 1 小时,如图 2-3-4 所示。将浸泡入味的萝卜卷取出改刀成马蹄块,按三种蔬菜条的色彩在盘中摆成三个花朵状,再浇上糖醋汁即可。

图 2-3-4

制作要领:

(1) 萝卜片要薄,卷制要紧,否则易散、难成形。

(2) 调制糖醋汁时应使用白醋,以保证萝卜卷色泽亮丽。

(3) 泡制的卤汁不同,则成菜味型也不同。在上述加工过程中还可将话梅(150 克)切片,放入凉开水中浸泡 2 个小时后做成话梅汁浸泡萝卜卷。

图 2-3-5

4. 装盘

三色萝卜卷采用拼摆的手法装盘,要求拼摆成花卉形,形态饱满、色彩艳丽。重点练习卷制手法和拼摆成型的装盘手法,完成花卉造型,成菜形态饱满、色彩艳丽，体现刀工和拼摆手法。装盘效果如图 2-3-5 所示。

5. 保鲜

三色萝卜卷装盘后，应立即用保鲜膜或保鲜罩盖住盘面，放在 10～20℃的室温环境中进行保鲜，食用时揭开保鲜罩即可直接上桌。这样能防止菜品受到污染，并保持菜品应有的水分和风味特色。用保鲜膜封盖时，应将保鲜膜拉直，整齐撕下，注意动作应轻盈快速，不能破坏盘内造型。

任务实施

1. 示范

用多媒体讲解任务流程、操作规范；成品展示、复述要领。学生品尝，集中讨论。

2. 下达“冷菜制作工作任务计划书”

工作任务计划书内容及要求如下：

（1）参照三色萝卜卷的任务分析，分解工作任务，如菜品装盘图案设计、原料选购、菜品制作、装盘及保鲜等。

（2）按三色萝卜卷的制作步骤进行制作，注意白萝卜的加工方法，注意胡萝卜、莴笋、紫薯的形状加工，其规格大小应与白萝卜片相匹配，且要腌渍入味。

（3）三色萝卜卷制作以个人制作为主，原料选购可采取合作的方式。

（4）“原料选购”一栏要写明白萝卜、胡萝卜、紫薯、胡萝卜的色泽、质感、气味、形状大小等。应能够事先了解市场行情，并对拟购买的原料进行估价。

3. 学生制作（个人练习）

（1）原料、制作方法同“示范”。

（2）练习要求：要掌握白萝卜、莴笋、紫薯、胡萝卜的选择方法，以及料型加工、成型手法、调味方法、拼摆方法和点缀方法；注意掌握腌制的时间和程度，保持萝卜脆嫩；装盘时堆放要整齐有序、形态饱满、呈花卉形。

任务评价

1. 自我评价

该评价主体是学生，由学生参照该菜品应有的评定标准对其制作的冷菜成品进行自我评价，参照表 2-3-1 的内容执行并将训练情况如实地填入表内。

表 2-3-1　“三色萝卜卷”制作自我评价表

主要工艺环节	操作规范执行情况	存在问题	解决思路与方法
造型设计			
原料选购			
菜品制作			
装盘			
保鲜			

2. 教师评价

任课教师或指导教师在学生自我评价的基础上，参照该冷菜应有的标准和操作规范对学生作品进行综合评价，并将分值填入表 2-3-2 中。

表 2-3-2　教师参照标准评价表

指标 / 分值 / 姓名	制作速度	标准数量	色泽	质感	口味	刀工	造型	合计
	20	10	10	10	10	20	20	

问题讨论

1. 白萝卜、莴笋、紫薯和胡萝卜的品质体现了三色萝卜卷的风味特色，如何选择这些原料？

探究途径：(1) 收集有关白萝卜、莴笋、紫薯、胡萝卜的原料知识；(2) 实地考察（如菜场、超市等）；(3) 小组讨论与交流。

2. 白萝卜、莴笋、紫薯、胡萝卜的刀工成形是三色萝卜卷造型的关键，除了将这些原料加工成马蹄状以外，还可以加工成其他什么形状？

3. 除了采用糖醋味型以外，还可如何对调味汁创新？

以上问题可以通过列表分析的方法对各个关键点进行分析和探讨，如表 2-3-3 所示。

表 2-3-3 关键点分析表

菜品名称	原料品种	质地	初加工方法	刀工方法	调味汁制作	造型

知识链接(一) 冷菜的烹调方法——腌

1. 腌的概念

腌,即将原料浸入调味卤汁中,或用调味料涂擦、拌和,以去除原料水分和异味,使原料入味并直接成菜的一种方法。腌的原料适用范围较广,大多数动、植物性原料均可。常用的调料有精盐、酱油、花椒、白糖、米醋、干辣椒、酒类(如白酒、料酒、玫瑰露酒、花雕酒等)、香糟等。使用植物性原料的腌制类菜品一般具有口感爽脆的特点,而使用动物性原料的腌制类菜品则具有质地坚韧、香味浓郁的特点。

2. 腌的方法分类

在实际应用中,腌分为盐腌、醉腌和糟腌三种。

(1)盐腌,是将以盐为主的调料放入原料中拌匀,或直接用多量调味卤汁将原料腌泡成菜的一种方法。

(2)醉腌,是用以酒和盐为主要调料制成的卤汁浸渍、腌制原料,使之成菜的方法。醉腌法适用于新鲜的家禽及虾蟹、贝类和蔬菜。根据原料生熟和所用调料色泽的不同,醉腌有生醉、熟醉之分和红醉、白醉之别。生醉多用鲜活的水产品,醉制之前先将原料放入流动的清水中,让其吐尽腹水和杂质,沥干水分后放入坛中,将精盐、白酒、料酒、花椒、冰糖、丁香、陈皮、葱、姜等调料加热后调成卤汁,将冷却后的卤汁加入坛内加盖浸泡,经 5 ~ 15 天醉腌,等原料醉晕、醉透、散发出特有的香气后可直接食用,如醉蟹、醉泥螺等。熟醉是将原料加工成丝、条、片、块等形状,并将整料经焯、蒸、煮等方式熟处理后再醉制的方法,多用于畜、禽、蛋类原料,如山东醉腰丝及江苏醉鸡、醉冬笋等。红醉指醉料中加入有色调味料(如酱油、红酒、腐乳等);白醉指醉料中不加有色调味料。

(3)糟腌,是将处理过的生料或熟料,用盐及糟卤作为主要调味卤汁腌制成菜的一种方法。糟法分生糟、熟糟两种。生糟指对原料不经热处理直接糟制,待原料经数小时乃至数天、数月的糟制入味后,再将其加热制成菜品的方法。生糟大多适用于蛋类和鱼、虾、蟹类,糟制后多采用蒸食的方式。熟糟指将原料热处理后用糟卤将其浸腌入味再改刀装盘成为菜品的烹制方法,多适用于禽、畜类原料。糟法在南方使用较多,江浙一带多用白糟(即酒酿)与料酒、盐、白糖、葱、姜等糟制菜品;而福建一带则多用红糟。糟制菜品具有糟香浓郁、口味清爽的特点,是夏季时令冷菜,如糟鸡、香糟蛋、糟凤爪、糟卤毛豆等。

3. 腌的操作关键

(1) 选料要新鲜,器具要洁净,忌油污。

(2) 能正确调制腌、泡、糟、醉的卤汁,准确掌握用盐量。

(3) 生醉(生糟)料要腌透,熟醉和熟糟的熟处理要把握好成熟度。

(4) 腌泡时间的长短,应根据季节、气候及原料的质地、大小而定。

知识链接(二) 糖醋味在冷菜中的应用

糖醋味为冷菜常用味汁之一,其特点是甜酸味浓、醇厚清爽、和味解腻、四季皆宜,在夏季使用更佳。

在实际运用中,制作糖醋味汁有调汁和熬汁两种方法。调是将精盐、白糖在白酱油、米醋中充分溶化后再加入香油调匀,主要用于凉拌菜;还可将糖、醋放入锅内,加水烧开调和,晾凉后可加入蔬菜的叶、根、茎等原料,浸泡数小时后即可食用。代表菜品如糖醋藕片、糖醋樱桃萝卜等。熬汁主要适于用熗的方法制作的冷菜。先将主料炸或煮熟后,再加入糖醋汁透入味,多用于荤料,如糖醋排骨、糖醋大虾等。

在调味中,精盐用于原料码味、定味,使菜品有一定的咸味,白酱油起辅助定味、提鲜增色的作用。白糖和醋是糖醋味的主味,用量应多,但要掌握好糖醋的比例。菜品入口先感觉到的应是甜酸味,咸味感觉应微弱,只有在回味时才能感觉到。通过味的对比,更能突出糖醋味的风格。用芝麻油增香,其用量应满足菜品的需要。

在调制时还应注意:调制的味汁要有一定的浓稠度,这样才有良好的味感;不宜早放芝麻油,以免影响菜品的光泽度或导致香味挥发;凡是要保持本色的菜品,均使用白醋。

知识链接(三) 泡菜小常识

泡菜是我国四川和延边等地区的特色小菜,具有鲜香清脆、咸酸适口、微带甜辣的特点。其制作方法是将新鲜的蔬菜放在一定的盐溶液中浸泡,利用乳酸菌将浸泡的蔬菜致“熟”成菜。有的书本将“泡”单独列为冷菜的一种烹调方法。制作泡菜的盛器是特制的坛,为凹糟式、细小口、大肚子、平底构造。与糟菜坛、醉菜坛不同的是,泡菜坛的凹口处可以加盖子,以便用水封口,具有良好的密封性。泡菜制作有制盐水、出坯和装坛泡制三道工序。其中,盐水又分为出坯盐水和泡菜盐水两类。出坯盐水用于原料的初步腌制,使原料部分水分析出,起杀菌、褪色、定形和去异味的作用(不是所有原料都需出坯腌制);泡菜盐水是用于泡制原料的盐水，辅料有白酒、料酒、醪糟汁、干红椒、红糖、草果、花椒、八角等调味品。

近年来，源于泡菜的制法而衍生的一种新式冷菜加工方法叫“熟泡”，又称“荤料泡菜”。此方法不用于植物性原料，而用于动物性原料，菜品如泡椒凤爪、山椒耳片、泡椒鸭掌等。

荤料泡菜的制作步骤是：第一步调制泡菜盐水。将野山椒连卤入锅，加入开水、香料包、葱片、姜片、蒜片、精盐、白糖，烧开后倒入盛器中晾凉。在调制时，精盐的用量要多一些，以满足菜品基本口味的需要。泡椒体现菜品特色，为了增加泡椒汁的香浓味，可在泡汁中加入少量玫瑰露酒。第二步原料熟处理。用水煮或烫等方法使原料达到七八成熟后将其捞出晾凉。第三步入坛泡制。鸡爪类一般泡制 2 个小时左右，猪耳泡制 5 个小时左右，鹅肠类、腰花类、虾蟹类泡制半小时左右。

有些地区取浸泡之意还有甜泡之说，即调制的泡卤为甜或酸甜口味。菜品如山楂小萝卜、果味藕片等。

启发教学案例

三色萝卜卷是用白萝卜、胡萝卜、莴笋和紫薯作为原料、采用腌泡的烹调方法制作而成的冷菜。除了使用这些原料以外，还可以使用其他原料腌制冷菜，下面以酸辣白菜、醉鸡和糟卤毛豆为例，介绍盐腌、醉腌和糟腌的制作方法。

案例 1　酸辣白菜

1. 原料选用

大白菜原产自我国的北方，后来被南方引种，现在全国各地均有种植，已成为老百姓餐桌上最常见的蔬菜品种之一。在选购大白菜时要把握好几个方面的感官判断，即“三看”：一看颜色，一般挑白色的、结球的大白菜，因为白色的大白菜会甘甜一些，口感较好；青色的白菜则口味不同。二看大小，尽量挑个大的大白菜，个大的大白菜可食用的叶茎多，积累的养分也多。三看外表，一般要挑卷得密实、根部小的大白菜，还要看是否有腐烂的迹象，不要选腐烂的大白菜。

大白菜 500 克（取嫩帮 300 克）、干红辣椒 4 个（10 克）、生姜 10 克、精盐 10 克、米醋 100 克、白糖 100 克、花椒粒 4 克、芝麻油 50 克。

2. 工艺流程

白菜洗净→切成长条→腌渍去苦涩味→辣油炝拌→腌泡入味→装盘成菜

3. 制作步骤

第一步：先将大白菜去除老叶、切去菜根和尖端菜叶（菜叶可作它用）。取嫩帮300克，将其洗净、顺长切成宽1厘米（小指头宽）的长条，放入容器内，撒上精盐，用手轻轻揉搓。待大白菜渗出水分后，将其压实并腌制2～3小时。然后用手将腌制好的大白菜挤去盐水（不要挤得太干，以防干燥不脆嫩），放入盛器中，倒入白糖、米醋拌匀。

第二步：将生姜去皮洗净，切成细丝，撒在白菜上；将干辣椒去蒂、去籽、泡软后切成细丝，待用。

第三步：起炒锅上火，加入芝麻油烧热，放入花椒粒炸香，然后离火将花椒粒捞出弃用，再放入辣椒丝炸酥炸香，然后将热油浇在白菜上，加盖焖腌2～3小时即可食用。

食用时，先将白菜条改刀成5～6厘米长的段整齐装入盘内，呈面包状或桥梁状均可，再把姜丝、红辣椒丝撒放在菜面即成。装盘效果如图2-3-6所示。

图2-3-6

4. 制作要领

（1）宜选用细嫩的白菜帮，保证成菜脆嫩、无渣。

（2）腌渍白菜时要控制好用盐量；腌的时间应稍长，尽可能去尽白菜的苦涩异味。

（3）花椒粒和辣椒丝应温油加热，炸出香辣味。

5. 菜品特点

菜品酸辣甜香、爽口开胃、四季可作，冬季食用更佳。

案例2 醉 鸡

1. 原料选用

当年光母鸡1只（约1500克）、料酒100克、精盐4克、姜片10克、桂皮10克、葱结1个、八角10克、酒酿200克、丁香5克。

2. 工艺流型

光鸡去内脏→焯水洗净→煮焖成熟→调制醉卤→浸泡入味

3. 制作步骤

第一步：将光母鸡开膛、去内脏洗净，入沸水锅焯水后洗净，放入焖钵，加满清水，加入姜片、葱结烧沸，撇去浮沫，移小火，焖至六成熟，离火，撇去鸡油，拣去姜葱。待冷却后，取出鸡，用刀切成4块，放入钵中。

第二步：在鸡汤内加精盐、料酒、桂皮、丁香、八角上火烧沸，撇去浮沫离火。待鸡汤冷却后，放入酒酿搅匀，用汤筛滤去渣汁，倒入钵中，盖上盖子，浸12小时。12小时后取出鸡块改刀装盘，浇上卤汁即成。装盘效果如图2-3-7所示。

图2-3-7

4．制作要领

（1）选择鸡皮完整、色白的光鸡，以保证醉鸡的特色。

（2）焯水前，在光母鸡的鸡腿末端用刀划一圈，进刀至骨，使鸡烹熟后皮肉收缩露出腿骨。如不划刀，鸡肉、鸡皮收缩时容易破碎，影响成形。

5．菜品特点

菜品口味咸香，鸡肉洁白鲜嫩，酒香扑鼻。

案例3　糟卤毛豆

1．原料选用

毛豆300克、八角5克、葱段10克，精盐15克、味精3克、香糟卤150克。

2．工艺流程

毛豆洗净→剪去两头→煮熟晾凉→调制糟卤→腌泡入味

图2-3-8

3．制作步骤

第一步：先将毛豆洗净，剪去两头，放沸水锅中煮至断生捞出晾凉。

第二步：在干净锅中加入清水，放入八角、葱段、精盐、味精，烧开后倒入容器，再加入糟卤，调制成泡卤，晾凉。

第三步：将煮熟的毛豆放入糟卤中浸泡2～3小时，让糟卤的香味沁入毛豆里装盘即成。装盘效果如2-3-8所示。

4．制作要领

（1）毛豆初加工时要剪去两头，能更好的入味。

（2）毛豆煮制的时间不宜过久，以断生为度，保证口感和色泽。

（3）煮好的毛豆捞出来应立即摊开晾凉或放入凉开水里过凉，保证成菜色泽翠绿。

（4）糟卤浸泡以没过毛豆为准，浸泡时放入冰箱冷藏味道更佳。

5．菜品特点

菜品色泽翠绿、鲜嫩爽口、糟香醇浓。

任务四　制作酱汁茭白

◆任务介绍

茭白是夏秋季时令水生蔬菜类原料，根据茭白柔嫩的特点，采用酱的冷菜制作方法，用甜面酱等调味酱制作。冷菜成品色泽酱红、口味咸鲜、酱香突出、鲜嫩爽口。制作时将茭白切条（或丁）后焐油，沥干油分后与酱汁一起酱制入味，并采用堆或排的装盘手法完成造型。冷菜造型美观、形态饱满、色泽搭配醒目，体现出茭白鲜嫩适口的风味特色。

◆任务目标

* 熟知酱汁茭白的造型设计、原料选购及用量、菜品制作、装盘、保鲜等工作过程
* 掌握酱汁茭白的原料加工方法及冷菜制作的实践操作规范和方法
* 根据风味单盘的造型原则与要求完成酱汁茭白冷菜的装盘，掌握其方法与操作关键
* 掌握风味单盘制作的工艺流程
* 根据风味单盘的制作要求举一反三，学会类似冷菜的制作方法
* 学会独立或合作完成酱汁茭白冷菜制作的工作任务

◆重点与难点

* 酱汁茭白冷菜原料的选择与质量控制
* 茭白和酱汁的加工方法
* 酱汁的味型调制
* 制作酱汁茭白的操作要求与规范
* 酱汁茭白的装盘份量控制
* 酱汁茭白的造型要求
* 举一反三，学会并掌握类似冷菜的制作方法
* 独立或合作完成酱汁茭白冷菜制作的工作任务

任务分析

制作酱汁茭白分造型设计、原料选购及用量、菜品制作、装盘与保鲜五个步骤，具体分析如下：

1. 造型设计

选用腰盘或长方盘，有序堆放成宝塔形或桥梁形，盘边用新鲜的果蔬、花草或巧克力果酱稍作点缀；也可选用正方形盘，依然保持宝塔形堆放，使用冬瓜皮浮雕点缀，可增添整体效果。

2. 原料选购及用量

（1）原料选购

茭白是一种较为常见的水生蔬菜，其可食用部分是花茎基部膨大而成的地下嫩茎，在我国大部分地区均有栽培，多在秋冬季上市。茭白外披绿色叶鞘，内呈三节圆柱状，色黄白或青黄，肉质肥嫩，纤维少，蛋白质含量高。但它含有草酸，食用过多会影响人体对钙的吸收。茭白与莼菜、鲈鱼并称为“江南三大名菜”。由于其质地鲜嫩、味甘实，因而被视为蔬菜中的佳品，与荤共炒，其味更鲜。饱满的茭白水分充足；笋身直、笋皮光滑的茭白笋肉较嫩；笋身扁瘦、弯曲、形状不完整的茭白则口感较差。另外，顶端笋壳过绿或是笋白部分为青绿色，代表茭白已经老化、口感不佳。

甜面酱应选用黄褐色或红褐色的，有光泽、散发酱香及酯香味者为最佳。这种甜面酱没有酸、苦、焦糊及其他异味，且黏稠适度、无杂质。

（2）原料用量

茭白 400 克、甜面酱 50 克、白糖 15 克、虾籽 1 克、味精 1 克、芝麻油 20 克、花生油 250 克、鸡清汤 200 克。原料组合如图 2-4-1 所示。

图 2-4-1

3. 菜品制作

（1）烹调工艺流程

茭白初加工→切条焐油→熬制面酱→茭白入酱汁中烧煮入味→收汁装盘

（2）制作步骤

第一步：将茭白剥去皮壳，剖成两半，用刀拍松，切成 4 厘米长的条，如图 2-4-2 所示。第二步：将甜面酱用水调匀，滤去渣滓。炒锅上火，放入 25 克花生油，放

图 2-4-2

入甜面酱、糖炒透(去豆腥味)后盛入碗内。

第三步:炒锅上火,放入花生油烧至油温四成热时将茭白条过油捞出,再放入鸡汤中加虾籽烧沸入味,加入甜面酱不停地炒拌,使卤汁紧裹在茭白上,加入味精拌匀后装盘,淋上芝麻油即成。

制作要领:

(1)须选用新鲜的嫩茭白,取其嫩尖部分,不能用黑心的茭白。

(2)忌用猪油,猪油的油脂冷却后会凝固,影响吃口和外观。

4. 装盘

酱汁茭白采用堆或排的手法装盘,要求将茭白切成条状,在长方盘中拼摆成框架形,形态饱满、层次分明,将新鲜的果蔬放在长方形盘子的另一头进行点缀和衬托。装盘效果如图 2-4-3 所示。除了摆放装盘法以外,还可将茭白切成丁状,在盘子中间堆成宝塔形。

图 2-4-3

5. 保鲜

此菜保鲜共分为两个阶段。第一阶段是在茭白的加工过程中,茭白去皮切成条后,应泡在水中,即保鲜又防止褐变。第二阶段是装盘以后,应立即用保鲜膜或保鲜罩盖住盘面,放在10~20℃的室温环境中进行保鲜,食用时揭开直接上桌即可。这样能防止菜品受到污染,并保持菜品应有的水分和风味特色。用保鲜膜封盖时,应将保鲜膜拉直,整齐撕下,注意动作应轻盈快速,不能破坏盘内造型。

任务实施

1. 示范

用多媒体讲解任务流程、操作规范;成品展示、复述要领。学生品尝,集中讨论。

2. 下达“冷菜制作工作任务计划书”

工作任务计划书内容及要求如下:

(1)参照酱汁茭白的任务分析,分解工作任务,如菜品装盘图案设计、原料及调味品的采购、菜品制作、装盘及保鲜等。

(2)按酱汁茭白的制作步骤进行制作,注意茭白和甜面酱的加工方法和加工形状,茭白的规格应符合食用的要求,酱汁的制作应符合制作工艺和味型要求。

(3)酱汁茭白的制作以个人制作为主,原料选购可采取合作的方式。

（4）“原料选购”一栏要写明茭白和甜面酱的色泽、质地。应能够事先了解市场行情，并对拟购买的原料进行估价。

3. 学生制作（个人练习）

（1）原料、制作方法同“示范”。

（2）练习要求：要掌握茭白和甜面酱的选择方法和刀工成形方法；注意掌握茭白焐油的时间与成熟度，保持茭白鲜嫩爽口；装盘时的堆放要整齐有序、形态饱满。

任务评价

1. 自我评价

该评价主体是学生，由学生参照该菜品应有的评定标准对其制作的冷菜成品进行自我评价，参照表2-4-1的内容执行并将训练情况如实地填入表内。

表2-4-1 “酱汁茭白”制作冷菜自我评价表

主要工艺环节	操作规范执行情况	存在问题	解决思路与方法
造型设计			
原料选购			
菜品制作			
装盘			
保鲜			

2. 教师评价

任课教师或指导教师在学生自我评价的基础上，参照该冷菜应有的标准和操作规范对学生作品进行综合评价，并将分值填入表2-4-2中。

表2-4-2 教师参照标准评价表

指标 / 姓名	制作速度	标准数量	色泽	质感	口味	刀工	造型	合计
分值	20	10	10	10	10	20	20	

问题讨论

1. 茭白和甜面酱的品质体现了酱汁茭白的风味特色,如何选择茭白和甜面酱?

探究途径:(1)收集有关茭白和甜面酱的知识;(2)实地考察(如菜场、超市等);(3)小组讨论与交流。

2. 茭白的刀工成形也是制作酱汁茭白的关键,除了将茭白加工成条状以外,还可以加工成其他什么形状?除了用熬制酱汁的方法加工甜面酱以外,还能用什么方法?

3. 什么是酱?列举出用酱的方法制作的具有代表性的菜品。

4. 制作酱类菜品应注意哪些要求?

5. 说出酱汁茭白的制作方法。

6. 除了茭白和甜面酱以外,还可选用哪些原料制作类似的冷菜?

以上问题可以通过列表分析的方法对各个关键点进行分析和探讨,如表2-4-3所示。

表2-4-3 关键点分析表

菜品名称	原料选择	形状要求	质地要求	味型分析	加工方法	造型

知识链接 冷菜的烹调方法——酱

1. 酱的概念

酱,即将腌制或不经腌制的原料通过焯水或油炸后放入酱汁中烧沸,然后改小火煮至熟烂后将原料取出,再将酱汁收浓,淋在酱制原料上而制成菜品的一种烹制方法。

传统的酱汁是先将黄酱下锅炒制,再加水与调味品制成的;或者先用开水熬制黄酱,过滤出酱汁后加入调味品制成的。酱法在北方使用较多,南方多用甜面酱、海鲜酱等。制作酱汁的香料主要有花椒、八角、桂皮、丁香、草果、陈皮、白芷、豆蔻、甘草、小茴香等。酱汁的质量对酱制菜品的风味特色有直接的影响。

2. 酱和卤的区别

酱的工艺和卤的工艺基本相似，两者的区别在于放不放酱和收不收汁，有的地方则卤、酱不分。适用于酱法制作的原料有鸡、鸭、鹅、猪、牛等及其内脏。菜品如酱牛肉、酱鸡、酱口条、酱汁春笋、酱汁茭白等。酱制的菜品具有酥烂味厚、酱汁浓稠、浓郁咸香的特点。

3. 酱的操作关键

（1）腌制的原料块形要适中并要腌透（处理方法和时间长短），酱制前需清水浸泡再焯水洗净。

（2）要正确调制酱料，掌握制酱汁的方法和香料的配比，掌握汤水量。

（3）酱煮过程中要先旺火烧沸，再转小火酱煮，保持汤汁沸而不腾，中途应注意翻动锅中的原料，使原料上色均匀、成熟一致。

（4）要根据原料质地和大小掌握酱煮时间，七成熟左右可收汁上色。

启发教学案例

酱汁茭白是用水生植物性原料——茭白制作而成的冷菜，除了茭白适宜酱法制作外，酱的方法还适用于很多动物性原料及内脏的制作，下面以酱鸭为例，介绍动物性原料酱制的方法。

酱　鸭

1. 原料选用

选购的鸭子饲养期不能超过 90 天。羽毛要有光泽、洁白无瑕，翅短背长，腿粗而短，胸部丰满，体躯肥壮。鸭子重 2500～3000 克。鸭子过小则肉柴，过大则口感肥腻。

当年光鸭 1 只（1750 克），白糖 100 克、熟甜面酱 100 克、芝麻油 25 克、料酒 50 克、酱油 100 克、姜片 10 克、葱结 12 克、五香调料 4 克、花生油 1500 克。

2. 工艺流程

鸭子洗净→炸制上色→加调料焖透→收稠酱汁

3. 制作方法

第一步：将光鸭从腋下开口，取出肠脏，洗净，揩干水分，用酱油抹遍鸭全身。

第二步：炒锅上火，加入花生油，待油温烧至七成热时，放入鸭子炸制至呈金黄色时捞起，再将鸭子放入砂锅，加五香调料、白糖、酱油、姜片、葱结、料酒和少量清水，上旺火烧沸后移小火焖透取出。

第三步：炒锅复上火，加入鸭卤、熟甜面酱，放入鸭子烧沸后收稠卤汁，加入芝麻油起锅,冷透后改刀装盘。装盘效果如图 2-4-4 所示。

图 2-4-4

4. 制作要领

(1)掌握好焖酱火候,使酱鸭酥烂但不失其形,否则影响美观。

(2)恰当收汁,使卤汁全部裹附在鸭身上。

5. 菜品特点

菜品色泽酱红、酥烂脱骨、酱香味浓。

任务五　制作虾籽冬菇

◆任务介绍

根据冬菇干韧的特点，采用卤制的冷菜制作方法，用虾籽提鲜。冷菜成品呈红褐色、口味鲜香、软韧爽口。制作时先将干冬菇涨发，去掉根蒂，用虾籽、精盐、酱油、白糖、味精等为主的调味卤进行卤制，并运用堆或排的装盘手法完成造型，堆成馒头型。冷拼造型美观、形态饱满、色泽亮丽，体现出香菇软韧、鲜香、爽口的风味特色。

◆任务目标

* 熟知虾籽冬菇的造型设计、原料选购及用量、菜品制作、装盘、保鲜的工作过程
* 掌握虾籽冬菇的原料加工方法及冷菜制作的实践操作规范和方法
* 根据风味单盘的造型原则与要求完成虾籽冬菇冷菜的装盘，掌握其方法与操作关键
* 掌握风味单盘制作的工艺流程
* 根据风味单盘的制作要求举一反三，学会类似冷菜的制作方法
* 学会独立或合作完成虾籽冬菇冷菜制作的工作任务

◆重点与难点

* 虾籽冬菇冷菜原料的选择与质量控制
* 冬菇、虾籽笋的加工方法
* 虾籽冬菇的味型调制
* 制作虾籽冬菇的操作要求与操作规范
* 虾籽冬菇的装盘份量控制
* 虾籽冬菇的造型要求
* 举一反三，学会并掌握类似冷菜的制作方法
* 独立或合作完成虾籽冬菇冷菜制作的工作任务

任务分析

制作虾籽冬菇分为造型设计、原料选购及用量、菜品制作、装盘与保鲜五个步骤，具体分析如下：

1. 造型设计

选用圆盘，将冬菇在圆盘内自然堆成馒头形，盘边用黄瓜稍作点缀；也可选用腰盘、长方盘或套盘，在盘子的一头将冬菇堆放成馒头形，在盘子的另一头点缀一些绿色图案或用新鲜的花草来增添整体效果。

2. 原料选购及用量

（1）原料选购

选择冬菇时，首先要看冬菇的个头、伞盖上的裂纹和厚薄程度，以个头大、菇肉厚实、菇面平滑、大小均匀、呈黄褐色或黑褐色、菇面稍带白霜、菇褶紧实细白、菇柄短而粗壮、干燥、不霉、不碎的为优良品质。其次看冬菇的颜色，要选择不发黑也不发白，最好稍微带点黄色的冬菇。再者就是闻冬菇的气味，菇味香浓的质量好，若有酸味则说明其经硫磺熏过，不要选用有霉变气味的。最后用手抓一下，最好不要选用感觉潮湿、发黏的冬菇。不要选特别大的鲜冬菇，因为这种菇多是用激素催肥的，大量食用可对人体造成不良影响。有些菇面呈裂开状，购买时应认清其裂痕是否天然生成，若是人为切割而成的则为赝品。

要选择个头均匀、色泽红亮、鲜味足，杂质少、无灰尘、无霉变、没受潮的虾籽。

（2）原料用量

冬菇 100 克、虾籽 20 克、葱 10 克、生姜 10 克、料酒 15 克、精盐 2 克、味精 2 克、酱油 15 克、白糖 10 克、芝麻油 5 克、色拉油 10 克、高汤 200 克。原料组合如图 2-5-1 所示。

图 2-5-1

3. 菜品制作

（1）烹调工艺流程

冬菇涨发→洗净杂质→沥干水分→卤制入味→晾凉装盘

（2）制作步骤

第一步：将冬菇用清水泡透，剪去根蒂，洗净杂质，沥干水分备用；将虾籽放入清水里泡一下，然后将其洗净、滗去杂质。将冬菇放在碗内，加上清水、葱姜汁、料酒、精盐和味精，上笼用旺火蒸 10 分钟取出。

第二步：锅上火烧热，加入少许色拉油，煸炒葱、姜起香，加入高汤和涨发冬菇的汤汁，倒入涨发好的虾籽，加入酱油、精盐、味精、白糖烧沸，熬制5分钟后倒入涨发好的冬菇。用小火烧焖至汤干，淋上芝麻油，出锅晾凉装盘即可。装盘效果如图2-5-2所示。

图 2-5-2

制作要领：

（1）将干冬菇用清水充分泡软、洗净、去掉根蒂以后（改刀或不改刀均可），加入调味品上笼蒸透。也要用清水浸泡虾籽，洗净泥沙后，加入高汤和调味品上笼蒸透。

（2）用卤水要熬制一段时间，待各种调味品充分融入汤汁中后再放入冬菇卤制。先用旺火烧沸，再用小火卤透入味，卤汁要收干，否则味不够醇厚。

4. 装盘

虾籽冬菇用堆的装盘手法，要求堆成馒头形，形态饱满、排放有序。应将用黄瓜做成的花放在馒头形的四周进行点缀，突出黄瓜的绿色。除了堆的方法以外，还可用扣碗覆扣的方法造型，即先将卤好的冬菇放在小碗（或模具）内，与碗口（模具口）齐平，然后颠翻碗底（或模具），使碗（或模具）底朝上，揭开碗（或模具），使虾籽冬菇覆入盘内即可。除此以外，还可以选择套盘，先将卤好的冬菇放在小盅内，然后再将小盅放置在长盘的一头（或一角），在空余的地方用新鲜的果蔬或花草进行点缀。

5. 保鲜

虾籽冬菇装盘后，应立即用保鲜膜或保鲜罩盖住盘面，放在10～20℃的室温环境中进行保鲜，食用时揭开直接上桌即可。这样能防止菜品受到污染，并保持菜品应有的水分和风味特色。用保鲜膜封盖时，应将保鲜膜拉直，整齐撕下，注意动作应轻盈快速，不能破坏盘内造型。

任务实施

1. 示范

用多媒体方式讲解工作流程、操作示范；成品展示、复述要领。学生品尝，集中讨论。

2. 下达“冷菜制作工作任务计划书”

工作任务计划书内容及要求如下：

（1）参照虾籽冬菇的任务分析，分解工作任务，如菜品装盘图案设计、冬菇和虾籽的选购、菜品制作、装盘及保鲜等。

（2）按虾籽冬菇的制作步骤进行制作，注意冬菇和虾籽的加工方法和加工形状，其规格大小应与食用和烹调要求相匹配。

（3）虾籽冬菇制作以个人制作为主，原料选购可采取合作的方式。

（4）“原料选购”一栏要写明冬菇和虾籽的色泽、质地和产地。应能够事先了解市场行情，并对拟购买的原料进行估价。

3．学生制作（个人练习）

（1）原料、制作方法同“示范”。

（2）练习要求：要掌握冬菇和虾籽的原料选择、涨发加工方法、卤水调制和味型调制；注意掌握冬菇的卤制时间，要保持冬菇软嫩爽口；装盘时的堆放要整齐有序、形态饱满、成馒头形。

任务评价

1．自我评价

该评价主体是学生，由学生参照该菜品应有的评定标准对其制作的冷菜成品进行自我评价，参照表 2-5-1 的内容执行并将训练情况如实地填入表内。

表 2-5-1　“虾籽冬菇”制作自我评价表

主要工艺环节	操作规范执行情况	存在问题	解决思路与方法
造型设计			
原料选购			
菜品制作			
装盘			
保鲜			

2．教师评价

任课教师或指导教师在学生自我评价的基础上，参照该冷菜应有的标准和操作规范对学生作品进行综合评价，并将分值填入表 2-5-2 中。

表 2-5-2　教师参照标准评价表

姓名　分值　指标	制作速度	标准数量	色泽	质感	口味	刀工	造型	合计
	20	10	10	10	10	20	20	

问题讨论

1. 冬菇和虾籽的品质体现了冬菇虾籽的风味特色，如何选择冬菇和虾籽？

探究途径：(1) 收集有关冬菇和虾籽的相关知识；(2) 实地考察（如菜场、超市等）；(3) 小组讨论与交流。

2. 冬菇和虾籽的涨发加工和卤水调制是此冷菜风味的关键，除了采用对冬菇和虾籽采用的蒸发的加工方法外，还能使用什么方法？除了调制虾籽卤水以外，还可以调制哪些味型的卤水？

3. 除了冬菇和虾籽以外，还可选用哪些原料制作类似的冷菜？

以上问题可以通过列表分析的方法对各个关键点进行分析和探讨，如表 2-5-3 所示。

表 2-5-3　关键点分析表

菜品名称	原料	涨发方法	卤水调制	制作步骤	味型	装盘效果

知识链接(一) 冷菜的烹调方法——卤

1. 卤的概念

卤,即将经过加工处理或初步熟处理的原料放入事先调制好的卤汁中加热,使原料成熟并具有良好香味和色泽的一种烹制方法。

卤是冷菜烹制常用的方法之一,也是冷菜烹制方法中最具代表性的一种,所以,人们常将“卤菜”作为“冷菜”的代名词。卤制菜品所用的原料以畜禽(野味)、内脏及蛋类居多,也适用于部分植物性原料,如豆制品、食用菌类。

常见的卤菜品种有卤猪肝、卤牛肉、卤鸭舌、卤鸡蛋、卤香菇、卤猪肚等。卤制菜品具有色泽美观、香鲜醇厚、软熟滋润的特点。

2. 卤的方法分类

按调制卤水颜色的不同可将卤分为红卤与白卤两种。卤水中放有色调味料的称为红卤,制品油润红亮;卤水中不放有色调味料的称为白卤,成品色白或为本色。

3. 卤的操作关键

(1) 要严格遵守初加工操作规范,保证原料在色、味、形、卫生方面的质量。一是要选用新鲜、滋味鲜美的原料。二是原料入卤锅前应先去除腥臊异味及杂质。

(2) 卤制时要掌握好卤制品的成熟度,加热要恰到好处。

卤锅卤制菜品通常是大批量进行的,一桶卤水中往往同时要卤制一批原料或好几种原料。同种原料之间存在着个体差异,不同的原料差异更大(如牛肉、口条、鸭子等),这就给操作带来一定的难度。因此,应做到:① 分清原料质地的老嫩,老的放在桶(或锅)底,嫩的放在上面,以便取料。② 要注意随好随捞,不能卤过头或者卤得不够酥烂。③ 如果原料过多,为防止紧贴桶(锅)底的原料烧焦,可以在桶底垫锅垫。④ 要正确掌握火候,先用大火烧开,对于要求熟嫩的原料改中火,对于要求酥烂的原料改小火慢煮,使卤汁香味慢慢渗入原料。

(3) 对于卤制完毕的原料,应待其冷却后在其外表涂上一层油,一是增香,二是可以防止原料外表因风干而收缩变色。原料质地稍老的,也可在汤锅离火后仍旧将原料浸在汤中,随用随取,可使原料进一步入味。

知识链接(二) 卤水调制、老卤的使用和保存知识

卤的关键之一在于调制卤水,卤菜的色、香、味完全由汤卤决定。卤水的配制,需用多种香料和调味料,有的卤水香料达 20 多种。调制时使用的各种香料和调料的份量比例须恰当,否则所卤的菜品味不香、色不佳。常用的卤水分为红卤水和白卤水的两种。红卤水

的香料和调味料包括糖色(能使卤菜色泽鲜亮红润)、红酱油(少用或不用,卤水反复煮制易使菜品发黑)、红曲米、料酒、冰糖、白糖、盐、葱结、姜片、味精、小茴香、八角、桂皮、甘草、草果、花椒、丁香、沙姜等。通常将这些香料与调味料一起装入纱布袋,加清水熬制。白卤水,俗称"盐水卤",常用盐、葱、姜、料酒、味精、花椒、桂皮、小茴香等加水熬成。

各地方卤水用料配方各不相同、口味各有特色,有的用料配方还被视为祖传秘方,以保持独特的风味。但有一点是相同的,即第一次卤制原料时应先将卤汤熬制一定时间,让香料的风味物质一定程度地溶入卤汤中,然后再投入所需卤制的原料,这样菜品的卤制效果会更好。

所谓"老卤",就是经过长时间使用而积存下来的汤卤。这种汤卤由于多次卤制过同一种或多种原料,因而香味浓郁,质量相当高。原料在汤卤中经过长时间加热后,其中的鲜味物质和一些风味物质逐渐溶解于汤卤中并越聚越多,从而形成了醇香浓郁的复合美味。用这种老卤来卤制原料,会使菜品的营养价值和风味大大提高。保存时间越久的老卤,卤制出来的菜品效果越好。因而,如何保存好老卤同样十分重要。

老卤的使用和保存应注意以下几个方面:

(1) 要及时清理残渣碎骨,防止这些东西沉淀变质。

(2) 要定期添加香料和调味料,使老卤的口味一直香味浓郁。

(3) 取用老卤要用专门的工具,不能用手直接接触卤汁,以防卤汁遭受污染而变质。

(4) 要定期烧煮存放的老卤,并将其置于阴凉处,这样可以相对延长老卤的保存期限。

(5) 盛放老卤的盛器,最好是陶瓷或木制的,忌用铁器等金属器皿盛装。

启发教学案例

虾籽冬菇是用干货原料经过涨发以后采用卤制的方法制作而成的冷菜,除了以冬菇为原料制作卤菜以外,还能用其他原料来制作,下面以红卤鸭肫肝和盐水仔鸡为例,介绍动物性原料用红卤和白卤方法制作的卤菜。

案例1 红卤鸭肫肝

1. 原料选用

选用鸭肫和鸭肝时一定要掌握该类原料应有的特征。新鲜的鸭肫和鸭肝外表呈紫红色或红色,富有弹性和光泽,表面干燥、质地厚实,具有鸭肫特有的味道;不新鲜的鸭肫为黑红色,表面无弹性和光泽,有异味而且肉质松软。

鸭肫肝2000克、料酒250克、酱油500克、冰糖350克、精盐50克、八角15克、甘草5克、草果20克、丁香8克、生姜块100克、葱段100克、味精20克。

2. 工艺流程

鸭肫肝焯水→调制红卤水→入锅卤制→浸卤入味

3. 制作步骤

第一步：鸭肫肝用沸水烫去血水，洗净。把八角、桂皮、甘草、草果、丁香、生姜、葱用纱布包扎好待用。

第二步：将2500克清水烧沸，加入酱油、料酒、精盐及香料包，用中小火熬制1小时以后加入味精，即成卤水。

第三步：先将肫放入卤汁锅中煮沸，再改用小火煮1小时至肫约八成熟，然后再把肝放入锅中一同煮制半小时至肝酥烂。将锅离火，使肫和肝一同浸泡在卤水中并自然冷却。装盘效果如图2-5-3所示。

图2-5-3

4. 制作要领

(1) 鸭肫肝在卤制以前首先要去掉外面的筋脉，用冷水锅焯水后清洗干净，否则异味特别强。

(2) 将香料用纱布扎成包，连同其他调味品先放在锅内熬制一段时间，待各种调味品的味道充分溶入卤水后再放入鸭肫卤制，待鸭肫八成熟时再放入鸭肝同卤，否则两者因成熟度不同造成的质感差异性很大。

(3) 不要立即取出卤制好的鸭肫肝，应将其浸泡在卤汁中，使其进一步入味，食用时取出装盘。

5. 菜品特点

菜品色泽酱红、咸鲜味浓，鸭肝糯烂、鸭肫爽脆。

案例2 盐水仔鸡

1. 原料选用

当年仔鸡1只(约750克)、花椒15粒、葱结50克、姜5克、精盐25克、味精3克。

2. 工艺流程

仔鸡初加工→清洗干净→入锅卤制→原卤浸泡入味

3. 制作步骤

第一步：将鸡宰杀后褪毛、去内脏，清水洗净，沥干水分。

第二步：将鸡放入水锅内(水能浸没鸡为度)，旺火烧开，去污沫，移小火盖上锅盖煮焖15～20分钟，取出用冰水浸凉。

图 2-5-4

第三步：原汤中放入精盐、花椒、生姜、葱烧开离火，加入味精，制成白卤水，冷却后再将仔鸡放入卤水中浸泡 2 小时，使之入味，取出改刀装盘，浇上适量卤汁即成。装盘效果如图 2-5-4 所示。

4. 制作要领

（1）掌握好煮鸡时的火候和浸焖时间，火大则肉柴，久煮则肉老。

（2）掌握好鸡的成熟度，以用竹扦戳鸡腿时无血水渗出、改刀时腿骨略见血丝为最好。

5. 菜品特点

此菜为夏令传统菜，色白而无油腻，肉嫩爽而骨香。

任务六 制作酥鲫鱼

◆任务介绍

根据小鲫鱼的特点，采用酥的冷菜制作方法，用酱乳瓜、酱生姜和泡椒搭配。冷菜成品色彩艳丽、口味咸鲜酸甜，酱瓜姜味突出，酥香可口。制作时先将小鲫鱼用盐、酱油、葱、姜、料酒腌制码味，然后炸制，再将酱乳瓜、酱生姜、泡椒等切丝以后与小鲫鱼一起入锅，焖酥成菜，并采用排和堆入的冷菜装盘手法完成造型。菜品造型美观、形态饱满、色泽搭配醒目，体现出酥鲫鱼的骨酥肉嫩、卤鲜汁浓的风味特点。

◆任务目标

* 熟知酥鲫鱼的造型设计、原料选购及用量、菜品制作、装盘、保鲜的工作过程
* 掌握酥鲫鱼的原料加工方法及冷菜制作的实践操作规范和方法
* 根据风味单盘的造型原则与要求完成酥鲫鱼冷菜的装盘，掌握其方法与操作关键
* 掌握风味单盘制作的工艺流程
* 根据风味单盘的制作要求举一反三，学会类似冷菜的制作方法
* 学会独立或合作完成酥鲫鱼冷菜制作的工作任务

◆重点与难点

* 酥鲫鱼冷菜原料的选择与质量控制
* 小鲫鱼、酱乳瓜、酱生姜、泡椒的加工方法
* 瓜姜的味型调制
* 制作酥鲫鱼的操作要求与规范
* 酥鲫鱼的装盘份量控制
* 酥鲫鱼的造型要求
* 举一反三，学会并掌握类似冷菜的制作方法
* 独立或合作完成酥鲫鱼冷菜制作的工作任务

任务分析

制作酥鲫鱼分造型设计、原料选购及用量、菜品制作、装盘与保鲜五个步骤，具体分析如下：

1. 造型设计

选用长盘或腰盘，将小鲫鱼整齐排放于盘内的一头，在盘子的另一头用新鲜的果蔬或花草稍作点缀；也可选用正方形盘，依然采用排的装盘方法堆放整齐，点缀方法同腰盘。除此以外还可以选用圆盘，将小鲫鱼在盘内排放成扇形；或者将小鲫鱼斩成块状，采用套盘盛装，采用果蔬雕刻装饰，凸显整体效果。

2. 原料选购及用量

（1）原料选购

小鲫鱼一般体长 8 ~ 10 厘米，全国各地水域常年均有，其中以春季和冬季的鲫鱼最肥美。选购的时候应选择眼球突出、乌黑发亮、体表有一层淡淡的黏液、鱼鳃呈鲜红色、体侧扁而高、体较厚、腹部圆、头短小、吻钝、鳃耙长、鳃丝细长、鳞片大、侧线微弯、背鳍长、外缘较平直、胸鳍末端可达腹鳍起点、尾鳍深叉形、腹部呈深灰色或淡黄色的野生鲫鱼，如图 2-6-1所示。如果小鲫鱼已经死亡、身体僵硬或已经发软、没有弹性、眼球呈浅灰色、鱼鳃呈灰白色、有变质的气味，说明鲫鱼已经不新鲜，不能选用。

图 2-6-1

（2）原料用量

主料和调味料的具体用量：鲜活小鲫鱼 20 条（每条重约 50 克），精盐 5 克、味精 2 克、料酒 15 克、酱油 50 克、香醋 50 克、白糖 50 克、葱段 150 克、姜片 30 克、生抽 5 克、酱生姜 25 克、酱黄瓜 50 克、红泡椒 15 克、葱姜汁 50 克、芝麻油 25 克、色拉油 1000 克（实耗 100 克）。原料组合如图 2-6-2 所示。

图 2-6-2

3. 菜品制作

（1）烹调工艺流程

小鲫鱼初加工→腌渍码味→油炸起酥→小火焖酥→冷却装盘

（2）制作步骤

第一步：将小鲫鱼刮鳞、去鳃，从其脊背剖开，去除内脏，洗净，沥干水分后放入盆内，加入葱段、姜片、料酒、酱油、醋腌制10分钟；将酱生姜、酱黄瓜、红泡椒分别切成细丝放在盘内待用。

第二步：将鲫鱼取出沥干水分，锅中加入色拉油，烧至油七成热时，将鲫鱼分次投入锅中，炸至鱼身收缩起壳、色泽金黄、骨头酥脆时捞出沥油。

第三步：炒锅复上火，留少许油，煸炒葱姜起香；砂锅内放上竹垫，平铺一层葱段，然后将鲫鱼脊背向上、头朝锅边、尾朝锅心、条条紧挨的逐层叠起在锅内，再放上酱生姜丝、酱黄瓜丝、红泡椒丝，加入清水（以漫过鲫鱼为好）、酱油、精盐、白糖、香醋、味精、料酒，旺火烧沸后改用小火焖制约3小时入味，最后用中火收干卤汁。离火冷却，取出小鲫鱼，淋入芝麻油，撒上酱瓜丝、酱仔姜丝即可。装盘效果如图2-6-3所示。

制作要领：

（1）鲫鱼选料要小，不可太大，否则成品不够香酥。

（2）在炸制时，鲫鱼定形前不可搅动，否则鲫鱼易散而不成形。

（3）入锅酥制时，锅中心留一个孔，这样便于在酥制过程中随时将汤汁舀起浇淋在上层鱼身上，使之入味。

（4）酥制时要用小火，且时间要足，否则酥度难达、味欠浓厚。

4. 装盘

酥鲫鱼用排和堆的手法装盘，要求在腰盘内堆放整齐、形态饱满，在腰盘的边上或一头用新鲜的果蔬雕刻点缀。装盘以后也可撒点香葱和泡椒段在鲫鱼上，既可食用，也能起到点缀和衬托作用，如图2-6-3所示。除了堆放以外，还可用套盘的方法造型，即先将小鲫鱼切成小块，盛装在小盅内，然后再将小盅叠放在长方盘的一头，在长方盘的另一头进行适当点缀即可。

图2-6-3

5. 保鲜

酥鲫鱼装盘后，应立即用保鲜膜或保鲜罩盖住盘面，放在10～20℃的室温环境中进行保鲜，食用时揭开直接上桌即可。这样能防止菜品受到污染，并保持菜品应有的水分和风味特色。用保鲜膜封盖时，应将保鲜膜拉直，整齐撕下，注意动作应轻盈快速，不能破坏盘内造型。

任务实施

1. 示范

用多媒体讲解任务流程、操作示范；成品展示、复述要领。学生品尝，集中讨论。

2. 下达“冷菜制作工作任务计划书”

工作任务计划书内容及制作要求如下：

（1）参照酥鲫鱼的任务分析，分解工作任务，如菜品装盘图案设计、小鲫鱼的选购、菜品制作、装盘及保鲜等。

（2）按酥鲫鱼的制作步骤进行制作，注意小鲫鱼的加工方法，以及酱生姜、酱黄瓜、红泡椒等配料的加工形状，其规格大小应与菜品制作要求相匹配。

（3）酥鲫鱼的制作以个人制作为主，原料选购可采取合作的方式。

（4）“原料选购”一栏要写明小鲫鱼的色泽、大小、季节、新鲜度等。应能够事先了解市场行情，并对拟购买的原料进行估价。

3. 学生制作(个人练习)

（1）原料、制作方法同“示范”。

（2）练习要求：学生在练习时应该注意掌握小鲫鱼的原料选购和主配料的成形加工；注意掌握小鲫鱼的炸制与酥㸆的操作要领，保持菜品形态完整、骨酥肉嫩、卤鲜汁浓、香气浓郁，口味咸鲜微辣、甜酸适度，突出酱瓜姜味；装盘时堆放要整齐有序、形态饱满。

任务评价

1. 自我评价

该评价主体是学生，由学生参照该菜品应有的评定标准对其制作的冷菜成品进行自我评价，参照表 2-6-1 的内容执行并将训练情况如实地填入表内。

表 2-6-1 “酥口鲫鱼”制作自我评价表

主要工艺环节	操作规范执行情况	存在问题	解决思路与方法
造型设计			
原料选购			
菜品制作			
装盘			
保鲜			

2. 教师评价

任课教师或指导教师在学生自我评价的基础上，参照该冷菜应有的标准和操作规范对学生作品进行综合评价，并将分值填入表 2-6-2 中。

表 2-6-2　教师参照标准评价表

指标 / 分值 / 姓名	制作速度	标准数量	色泽	质感	口味	刀工	造型	合计
	20	10	10	10	10	20	20	

问题讨论

1. 小鲫鱼和调配料的品质及酥的方法体现了酥鲫鱼的风味特色，如何选择小鲫鱼？

探究途径：(1) 收集有关小鲫鱼的知识；(2) 实地考察（如菜场、超市等）；(3) 小组讨论与交流。

2. 酱生姜、酱黄瓜及泡椒是影响酥鲫鱼风味的关键，除了把这些原料加工成丝状以外，还可以加工成其他什么形状？

3. 除了酱瓜姜味型以外，还可利用小鲫鱼原料制作哪些味型的冷菜？

以上问题可以通过列表分析的方法对各个关键点进行分析和探讨，如表 2-6-3 所示。

表 2-6-3　关键点分析表

菜品名称	原料品种	加工方法	调配料使用	加工形状	味型	装盘方法

知识链接　冷菜的烹调方法——酥

1. 酥的概念

酥,即指将原料用油炸酥后投入汤水中或不经油炸直接投入汤水内,加入以醋、糖为主的调料,用中小火长时间加热至原料骨酥肉烂的烹制方法。原料先经油炸的叫硬酥;未经炸制的叫软酥。

早在宋代,我国厨师已知加醋、以小火烹制鲫鱼,以保持鲫鱼形态完整、鱼骨酥化,这一独特的菜品便是酥鱼(清·李化楠《醒园录》)。清代曹雪芹的祖父曹寅诗云:"雀目新燔二寸鱼",指的即是此菜。

酥鲫鱼有软酥和硬酥二种。硬酥是将6~7厘米长的鲜活的小鲫鱼剖脊去肠脏,经高温油炸后用葱姜炝锅,加入调料、佐料稠汤汁,使小鲫鱼骨质酥透、鱼肉鲜美。软酥在实际操作中,可不去鱼鳞,先用多量的醋、糖和适量的酱油、盐将鲫鱼浸泡2小时,使其角质软化后,再将原泡卤和葱姜加入砂锅小火酥2小时。如加萝卜(切块、盐腌几分钟再焯水去萝卜味),可去鱼腥味,则叫"萝卜酥鱼"。

酥也指原料酥烂的程度,其中以原料的骨质酥软、入口即化为标准。酥制菜品一般都是批量生产,用慢火长时间加热,故菜品具有味浓醇香、咸甜酸适度的特点。用来酥制的原料有鲜鱼(小)、肉、海带、白菜、藕等。常见菜品有酥海带、酥鲫鱼、酥鸡肝等。酥制菜品的味型多为烧煮菜的基本味型,在调味时,也可加入五香粉、香辣粉或其他香料等以丰富其味感。

2. 酥的操作关键

(1) 原料的选择要符合酥制要求。

(2) 酥制时锅底必须用竹箅等物垫底,以防止原料粘底或烧焦。在酥制菜品过程中,不可能经常翻动原料,甚至有的原料从入锅到出锅根本就无法翻动,所以一定要加衬垫物,或用葱、芹菜、洋葱等衬垫(既防止粘底又可去腥增香),并将原料逐层排放。

(3) 原料及汤水的投放比例要准确,以免影响滋味的浓醇。酥法加热时间一般较长,故汤汁的投放量应比一般菜品略多一些。开始加热时,以汤汁略高于原料为度。

(4) 要掌握好火候和加热时间。酥制的菜品对火候有很高的要求。通常是大火烧开,微火焖煨4~5小时,时间要足,以原料酥烂为度。

(5) 加热完毕,必须在菜品凉透后才能起料。一是为了防止菜品的形态被破坏,因为低温下成熟的菜品受外力的作用相对较小。二是菜品在冷却过程中会继续吸收卤汁,使酥制的菜品更加入味。

启发教学案例

酥鲫鱼是用小鲫鱼为原料，经过初加工、炸制，再用小火长时间酥㸆而成的冷菜，除了以鲫鱼为原料以外，还能用其他原料来制作类似的冷菜，下面以酥海带为例，介绍酥法的其他应用。

酥海带

1．原料选用

制作酥海带应选用干海带为主要原料。

干海带 1500 克、肥猪肉 500 克、酱油 50 克、精盐 50 克、醋 50 克、白糖 100 克、芝麻油 30 克、味精 5 克、料酒 40 克、葱段 100 克、姜片 100 克、蒜 50 克。

2．工艺流程

海带泡发洗净→加配料卷成卷→入锅小火焖酥→冷却改刀装盘

3．制作步骤

第一步：将海带放入大盆中，加入开水浸泡，涨发到 5000 克左右时，用清水冲洗两遍待用。将葱切段、姜切片、大蒜剥皮待用。

第二步：将肥猪肉切成长 7 厘米、宽 1 厘米的肉条。把海带逐条铺在案板上，上面放一根切好的肉条，然后将海带卷成直径 4 厘米的卷待用。

第三步：锅洗净，锅底放上竹蓖，把海带卷置其上，码好一层放一层葱段、姜片、大蒜，一共码放 3 ~ 4 层，在最上面一层盖上大白菜帮，然后将糖、味精、精盐、酱油、料酒、醋、芝麻油放入锅内。按锅的大小加入高汤，以没过海带卷为宜，然后盖严锅盖，放置火上烧开，再用小火焖 6 个小时左右，待汤快干时连锅端下，晾凉后即可取出。

第四步：将晾凉后的海带卷从锅中取出，切成厚圆段，整齐地码放在盘中即可。

4．制作要领

（1）泡发海带时，不可发制过大，否则不松软。

（2）锅底一定要垫竹篦，否则海带卷易糊锅，影响质量。

（3）海带卷肉时，一定要卷紧，否则肥肉易和海带分离（可用麻线扎紧）。

5．菜品特点

成菜色泽深棕褐色，口味咸甜微酸，入口松软酥香。

任务七　制作彩色蛋糕

◆任务介绍

根据蛋清和蛋黄的特点，采用蒸的制作方法。冷菜成品软熟细嫩、口味清香、色泽艳丽、口味鲜美、形似“大理石”。制作时将鸡蛋清和鸡蛋黄分开，并分别放入碗内，在鸡蛋清中加入精盐，搅拌均匀，掺入切碎的松花蛋白和咸鸭蛋黄，用蒸笼蒸制成熟，冷却后改刀装盘，并运用排的装盘手法完成造型。冷拼造型美观、形态饱满，色泽艳丽，体现出蛋糕细嫩、口味鲜美的风味特色。

◆任务目标

* 熟知彩色蛋糕的造型设计、原料选购及用量、菜品制作、装盘、保鲜的工作过程
* 掌握彩色蛋糕的原料加工方法及冷菜制作的实践操作规范和方法
* 根据风味单盘的造型原则与要求完成彩色蛋糕冷菜的装盘，掌握其方法与操作关键
* 掌握风味单盘制作的工艺流程
* 根据风味单盘制作要求举一反三，学会类似冷菜的制作方法
* 学会独立或合作完成彩色蛋糕冷菜制作的工作任务

◆重点与难点

* 彩色蛋糕冷菜原料的选择与质量控制
* 彩色蛋糕的加工方法
* 彩色蛋糕的味型调制
* 制作彩色蛋糕的操作要求与规范
* 彩色蛋糕的装盘份量控制
* 彩色蛋糕的造型要求
* 举一反三，学会并掌握类似冷菜的制作方法
* 独立或合作完成彩色蛋糕冷菜制作的工作任务

工作分析

制作彩色蛋糕分造型设计、原料选购及用量、菜品制作、装盘与保鲜五个步骤，具体分析如下：

1. 造型设计

选用异形盘、圆盘或腰盘，将蛋糕排放成扇面形，盘边用绿色的黄瓜和红色的樱桃做成图案稍作点缀；也可选用长方形盘，将蛋糕拼摆成馒头形，用绿色的香菜叶点缀以烘托出整体效果。

2. 原料选购与用量

（1）原料选购

制作彩色蛋糕必须选用优质的新鲜草鸡蛋作为原料，对新鲜鸡蛋的识别方法有：① 感官鉴别法。用眼睛观察鸡蛋的外观形状、色泽、清洁程度。优质鲜蛋蛋壳干净、无光泽，壳上有一层白霜，色泽鲜明；劣质蛋蛋壳表面粉霜脱落，壳色油亮，呈乌灰色或暗黑色，有油样物质浸出，有较多或较大的霉斑。② 手摸鉴别法。把鸡蛋放在手掌心上翻转。优质鲜蛋蛋壳粗糙，重量适当；劣质蛋手掂重量轻，手摸有光滑感。③ 耳听鉴别法。优质鲜蛋相互碰击时声音清脆，手握蛋摇动时无声；劣质鲜蛋相互碰击时会发出嘎嘎声（孵化蛋）、或空空声（水花蛋），手握蛋摇动时有晃荡声。④ 鼻嗅鉴别法。用嘴向蛋壳上轻轻哈一口热气，然后用鼻子嗅其气味。优质鲜蛋有轻微的生石灰味。

（2）原料用量

鸡蛋 1000 克、松花蛋 75 克、咸鸭蛋黄 75 克、精盐 2 克、味精 2 克、鸡精 2 克。原料组合如图 2-7-1 所示。

图 2-7-1

3. 菜品制作

（1）烹调工艺流程

蛋清调味搅匀→装入盛器→镶上松花蛋白、咸鸭蛋黄→上笼蒸熟→冷却改刀装盘

（2）制作步骤

第一步：将鸡蛋的蛋清与蛋黄分开放在两个碗中，在装有蛋清的碗中加入精盐、味精轻轻调散搅匀（不可起泡），蛋黄另作他用。

第二步：将松花蛋白切成粒状，将咸鸭蛋黄用手掰成 1 厘米左右的小块。

第三步：取不锈钢平盘，在其内壁均匀地涂抹一层色拉油（或用保鲜膜贴在内壁），倒入调好味的蛋清液，在蛋液中均匀地镶上松花蛋白粒和小块咸鸭蛋黄，如图 2-7-2 所示。

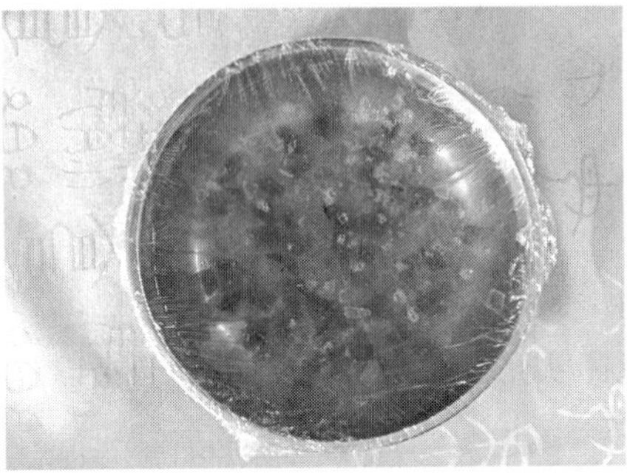

图 2-7-2

图 2-7-3

第四步：将上述蛋清液放入蒸笼中，微启笼盖，用中火将蛋液蒸透（蛋白发硬、无弹性），然后取出晾凉，脱去平盘，将彩色蛋糕改刀成厚片，整齐地排叠在盘中。装盘效果如图 2-7-3所示。

制作要领：

（1）在蒸制蛋液的平盘内，一定要抹油或用保鲜膜贴住内壁。

（2）蒸制时要用沸水热笼，不可蒸过，防止蛋块起孔。

（3）在蛋清液中还可加入绿菜汁、可可粉（加水调匀）、苋菜汁（鲜红色）等原料来改变、丰富蛋糕的色彩。

4．装盘

彩色蛋糕用排和堆相结合的手法装盘，要求堆放成扇面形，形态饱满，装饰物应放在扇面形的旁边或者盘子的另一头，起到点缀和衬托的作用。除了排堆结合的方法以外，还可用扣碗覆扣的方法造型，即先将彩色蛋糕切成厚片，整齐地码放在碗内与碗口齐平，圆盘合在碗口，颠翻碗盘，使碗底朝上，揭开碗，使彩色蛋糕覆扣入盘内即可。

5．保鲜

彩色蛋糕装盘后，应立即用保鲜膜或保鲜罩盖住盘面，放在 10～20℃的室温环境中进行保鲜，食用时揭开直接上桌即可。这样能防止菜品受到污染，并保持菜品应有的水分和风味特色。用保鲜膜封盖时，应将保鲜膜拉直，整齐撕下，注意动作应轻盈快速，不能破坏盘内造型。

任务实施

1．示范

用多媒体讲解任务流程、操作示范；成品展示、复述要领。学生品尝，集中讨论。

2. 下达"冷菜制作工作任务计划书"

工作任务计划书内容及要求如下：

（1）参照彩色蛋糕的任务分析，分解工作任务，如菜品装盘图案设计、新鲜鸡蛋的选购、菜品制作、装盘及保鲜等。

（2）按彩色蛋糕的制作步骤进行制作，注意鸡蛋液的加工方法、火候的控制、成熟度的把握、加工形状、装盘及保鲜方法。

（3）彩色蛋糕制作以个人制作为主，原料选购可采取合作的方式。

（4）"原料选购"一栏要写明鸡蛋的表面状况、重量及新鲜度。应能够事先了解市场行情，并对拟购买的原料进行估价。

3. 学生制作（个人练习）

（1）原料、制作方法同"示范"。

（2）练习要求：要掌握彩色蛋糕的原料选择、原料加工及菜品制作；注意掌握鸡蛋液的熟制方法、熟制温度、熟制时间和成熟度的控制，保持鸡蛋糕软熟细嫩、口味清香、色泽艳丽、口味鲜美、形似"大理石"；装盘时的堆放要整齐有序、形态饱满、成扇面形。

任务评价

1. 自我评价

该评价主体是学生，由学生参照该菜品应有的评定标准对其制作的冷菜成品进行自我评价，参照表2-7-1的内容执行并将训练情况如实地填入表内。

表2-7-1 "彩色蛋糕"制作自我评价表

主要工艺环节	操作规范执行情况	存在问题	解决思路与方法
造型设计			
原料选购			
菜品制作			
装盘			
保鲜			

2. 教师评价

任课教师或指导教师在学生自我评价的基础上，参照该冷菜应有的标准和操作规范对学生作品进行综合评价，并将分值填入表2-7-2中。

表 2-7-2　教师参照标准评价表

指标/分值/姓名	制作速度	标准数量	色泽	质感	口味	刀工	造型	合计
	20	10	10	10	10	20	20	

问题讨论

1．鸡蛋的品质体现了彩色蛋糕的风味特色,如何选择新鲜的鸡蛋?

探究途径:(1)收集有关鸡蛋的知识;(2)实地考察(如菜场、超市等);(3)小组讨论与交流。

2．蛋清液的初加工和蒸制方法是彩色蛋糕制作的关键,除了此种加工方法以外,还可以用什么方法来加工?

3．除了鸡蛋以外,还可选用哪些原料制作类似的冷菜?

以上问题可以通过列表分析的方法对各个关键点进行分析和探讨,如表 2-7-3 所示。

表 2-7-3　关键点分析表

菜品名称	原料	加工方法	质地要求	制作步骤	装盘方法

知识链接　冷菜的烹调方法——蒸

1．蒸的概念

蒸,即指将经过加工切配、调味成形的原料放入盛器,再置于蒸汽中,利用蒸汽的导热作用使之变性成熟的方法。

蒸制菜品的原料以动物性为主、植物性为辅。其料形一般以蓉缔、小块、条、片及加工成的特殊形态(如卷)居多。蒸法尽管不是一种常用的冷菜制作方法,但在冷拼材料制作中的作用却很大。很多的冷拼刀面材料,特别是一些花色冷拼的刀面材料,都需要通过蒸法成形,如紫菜蛋卷、双色鱼糕、蛋黄糕、蛋白糕等,因而蒸在冷拼制作中具有重要的地位。

2. 蒸的操作关键

(1) 原料要新鲜,加工要精细。

(2) 调味要准确,不同于热菜,有些冷菜只能加热前调味。

(3) 根据原料性质和成品要求掌握火候(火力大小和放气与否)和蒸制的时间。

启发教学案例

彩色蛋糕采用新鲜鸡蛋为原料,用蒸的方法制作而成的冷菜。如前所述,糕类、卷类冷菜在花色冷菜制作中是非常重要的刀面材料,下面仍以鸡蛋为例,介绍用蒸的方法制作的白蛋糕、黄蛋糕和紫菜蛋卷。

案例1 白蛋糕

1. 原料选用

鸡蛋500克、精盐4克、味精3克、淀粉50克。

2. 工艺流程

鸡蛋清打入碗中→加入精盐、味精调匀→加入湿淀粉调匀→装入模具蒸制→冷却后取出

3. 制作步骤

第一步:取鸡蛋清,并加入精盐、味精、湿淀粉,轻轻调散、搅匀(不可起泡),如图2-7-4所示。

第二步:取方形不锈钢小盒,在其内壁均匀地涂一层色拉油(或用保鲜膜蒙在内壁),倒入蛋白液,如图2-7-5所示。然后将不锈钢小盒放在笼上用小火蒸透。

图2-7-4

图2-7-5

第三步：待白蛋糕晾凉以后，取出装盘，如图2-7-6所示。

图2-7-6

4. 制作要领

（1）鸡蛋清里加入精盐、味精、湿淀粉以后一定要充分调匀，但不能使其表面形成泡沫，以免影响菜品观感。

（2）在蒸制蛋清液时，要采用放气蒸，不能将锅盖盖严，以免蛋糕中间起孔。

5. 菜品特点

菜品色泽洁白、口感细嫩。可根据需要改成相应料形作花色冷拼刀面使用，也可改刀装盘作为单碟冷菜食用。

案例2　黄蛋糕

1. 原料选用

鸡蛋500克、精盐4克、味精3克。

2. 工艺流程

鸡蛋黄打入碗中→加入精盐、味精调匀→装入模具蒸制→冷却后取出

3. 制作步骤

第一步：取鸡蛋黄，加入精盐、味精轻轻调散、搅匀（不可起泡），如图2-7-7所示。

图2-7-7

第二步：取方形不锈钢小盒，在其内壁均匀地涂一层色拉油（或用保鲜膜蒙在内壁），倒入蛋黄液，如图2-7-8所示，将不锈钢小盒放在笼上用小火蒸透。

第三步：待黄蛋糕晾凉以后，取出装盘，如图2-7-9所示。

图2-7-8

图2-7-9

4. 制作要领

（1）鸡蛋黄里加入精盐、味精以后一定要充分调匀，但不能使其表面形成泡沫，以免影响菜品观感。

（2）在蒸制蛋黄液时，要采用放气蒸，不能将锅盖盖严，以免蛋糕中间会起孔。

5. 菜品特点

菜品色泽金黄、口感细嫩，有柔韧性。可根据需作为食品雕刻或花色冷拼刀面材料使用，也可改刀装盘作为单碟冷菜食用。

案例3　紫菜蛋卷

1. 原料选用

紫菜2克、鸡蛋250克、葱3克、生姜3克、精盐5克、味精3克、肥膘50克、虾仁120克、色拉油10克。

2. 工艺流程

调制蛋液→制作虾蓉→制蛋皮→卷制蛋卷生坯→蒸制成熟→切片装盘

3. 制作步骤

第一步：将鸡蛋磕入碗内，加精盐、味精搅拌均匀。

第二步：将虾仁洗净、用刀碾成茸，加入葱姜汁、精盐、味精搅打上劲，制成虾蓉。

第三步：将锅上火烧热后，用小块肥膘在锅内壁涂抹（使其沾有薄薄的一层油），倒入蛋液，并前后左右地转动炒锅，使蛋液均匀地粘在锅壁上，待蛋液凝固后，双手提起蛋皮，反放锅中略烘即可。

第四步：将蛋皮修成长方形，摊开放在案上，抹上一层虾蓉，覆上一层紫菜（形状、大小与蛋皮相同），在紫菜上再抹上一层虾蓉，然后沿着一个方向紧紧地卷起，排放在盘中，上笼用小火蒸透即成。如图2-7-10、图2-7-11所示。

图2-7-10

图2-7-11

4．操作要领

（1）调制鸡蛋液时要用力均匀，慢慢地搅拌，不能使蛋液起泡。

（2）掌握好制蛋皮时的火候。

（3）卷制蛋卷时一定要卷紧、卷实，根据需要把握好卷的粗细。

（4）蒸制成熟时一定要用小火慢蒸，不能有孔洞，这样蒸制出来的蛋卷质量好。

5．菜品特点

菜品色彩艳丽，可根据需要做成圆柱形、鸡心形、柳叶形或半圆形等粗细不等的卷，多用于花色冷拼的刀面材料，也可作单碟冷菜装盘食用。

任务八 制作葱烤豆腐

◆任务介绍

根据豆腐的特点，采用烤的冷菜制作方法，用葱、鸡脯肉、虾仁搭配。冷菜成品色泽金黄、口味咸鲜、葱香味突出、鲜嫩爽口。制作时将豆腐碾碎，挤干水分；将鸡脯肉、肥膘、虾仁分别斩成茸，将葱姜切成米状，然后将豆腐泥和调辅料拌和均匀，入笼蒸制成熟，再与葱一起烤制，待豆腐的表面呈金黄色时取出改刀装盘，并运用排、叠或套盘的装盘手法完成造型。冷拼造型美观、形态饱满、色泽搭配醒目，体现出豆腐黄白相间、口味咸鲜、葱香浓郁的风味特色。

◆任务目标

* 熟知葱烤豆腐的造型设计、原料选购及用量、菜品制作、装盘、保鲜的工作过程
* 掌握葱烤豆腐的原料加工方法及冷菜制作的实践操作规范和方法
* 根据风味单盘的造型原则与要求完成葱烤豆腐冷菜的装盘，掌握其方法与操作关键
* 掌握葱烤豆腐风味单盘制作的工艺流程
* 根据风味单盘的制作要求举一反三，学会类似冷菜的制作方法
* 学会独立或合作完成葱烤豆腐冷菜制作的工作任务

◆重点与难点

* 葱烤豆腐冷菜原料的选择与质量控制
* 葱烤豆腐的加工方法
* 葱烤豆腐的味型调制
* 制作葱烤豆腐的操作要求与规范
* 葱烤豆腐的装盘份量控制
* 葱烤豆腐的造型要求
* 举一反三，学会并掌握类似冷菜的制作方法
* 独立或合作完成葱烤豆腐冷菜制作的工作任务

任务分析

制作葱烤豆腐分造型设计、原料选购及用量、菜品制作、装盘与保鲜五个步骤,具体分析如下:

1. 造型设计

选用长盘,在盘子的一头采用垫底、切片盖面的方法排成桥梁形,在盘子的另一头用萝卜花和荷兰芹稍作点缀;也可采用自然堆落形成魔方形,采用巧克力酱和果酱配以新鲜的果蔬原料加以装饰;还可以采用套盘的形式装盘,并加以点缀。

2. 原料选购及用量

(1) 原料选购

豆腐是我国的一种古老的传统食品,是生熟皆可、老幼皆宜、养生摄生、延年益寿的美食佳品。在选择豆腐的时候,要采用一看、二摸、三闻、四尝的感官判断方法。

看——主要看豆腐的色泽。优质豆腐呈现均匀的乳白色或淡黄色,稍有光泽。质量较差的豆腐色泽发深直至呈现浅红色,无光泽。劣质豆腐呈深灰色或深黄色。

摸——主要是通过手接触豆腐来感知其软硬度和弹性。优质豆腐块形完整、软硬适度、富有一定的弹性、质地细嫩、结构均匀、无杂质。质量较差的豆腐切面比较粗糙、质地不细嫩、弹性差、有渣滓、有黄色液体渗出、表面发黏。劣质豆腐块形不完整、组织结构粗糙而松散、触之易碎、无弹性、有杂质、表面发黏,用水冲洗后仍然发黏。

闻——主要通过嗅觉来感知豆腐的气味。常温下,优质豆腐具有豆腐特有的香味,质量较差的豆腐香气平淡,劣质豆腐有豆腥味、馊味等不良气味或其他异味。

尝——主要通过味觉来判断豆腐的滋味。优质豆腐口感细腻鲜嫩、味道纯正、清香,质量较差的豆腐口感粗糙、滋味平淡,劣质豆腐有酸味、苦味、涩味及其他不良滋味。

制作葱烤豆腐一般适宜选择色泽洁白、质地细嫩、弹性足、无渣滓、无异味的南豆腐(石膏豆腐)为主要原料,另外要选用新鲜的鸡脯肉、虾仁、肥膘等原料与其组配,增加豆腐的鲜美味道。

(2) 原料用量

豆腐 500 克、虾仁 100 克、鸡脯肉 50 克、生猪肥膘肉 50 克、鸡蛋 2 只、干淀粉 15 克、精盐 2 克、葱姜汁 25 克、葱段 100 克、姜片 50 克、味精 1 克、料酒 15 克、熟猪油 15 克、芝麻油 25 克。原料组合如图 2-8-1 所示。

图 2-8-1

3．菜品制作

（1）烹调工艺流程

豆腐碾成泥→鸡脯肉、虾仁、肥膘分别斩成茸→拌和调味→蒸制成熟→葱烤入味→取出冷却→改刀装盘

（2）制作步骤

第一步：削去豆腐表面的硬皮，将去硬皮后的豆腐碾成茸，用纱布包起，压以重物挤出水分。将虾仁洗净，用洁布吸去水分，与鸡脯肉、猪肥膘肉分别斩成茸，同放碗内与豆腐泥拌和，加鸡蛋清 2 只、干淀粉 15 克、精盐、葱姜汁、料酒、味精搅匀成馅，如图 2-8-2 所示。

图 2-8-2

第二步：在盘内抹上熟猪油，放上调好的豆腐馅，用手捺平成 23 厘米长、5 厘米宽、2 厘米厚的长方块，上笼蒸透取出，在表面刷上芝麻油。

第三步：取烤盘 1 只，在烤盘里先铺上葱段和姜片，将刷好油的豆腐横放在葱上，上面再放葱、姜，如图 2-8-3 所示。将烤盘放入烤箱，烤至豆腐呈金黄色，葱、姜起香即取出。拣去葱、姜，将豆腐改刀装盘，淋上芝麻油即可。装盘效果如图2-8-4所示。

图 2-8-3

图 2-8-4

制作要领：

（1）调制豆腐馅时要把握好调味品的用量，掌握好口味。

（2）豆腐入烤箱烘烤时要严格控制烤制温度和烤制时间。

4．装盘

葱烤豆腐采用排和叠的手法装盘，要求摆放成桥梁形，形态饱满，应将蒜苗丝和红椒丝放在桥梁形的顶端，突出蒜苗的颜色，起到点缀和衬托的作用。除了堆的方法以外，还可以采用套盘形式进行装盘，将葱烤豆腐切成丁状，装在小盅内，将小盅放在长方盘的一头，在长方盘的另一头用鲜花等进行点缀装饰。

5. 保鲜

葱烤豆腐装盘后，应立即用保鲜膜或保鲜罩盖住盘面，放在 10～20℃的室温环境中进行保鲜，食用时揭开直接上桌即可。这样能防止菜品受到污染，并保持菜品应有的风味特色。用保鲜膜封盖时，应将保鲜膜拉直，整齐撕下，注意动作应轻盈快速，不能破坏盘内造型。

任务实施

1. 示范

用多媒体讲解任务流程、操作示范；成品展示、复述要领。学生品尝，集中讨论。

2. 下达“冷菜制作工作任务计划书”

工作任务计划书内容及要求如下：

(1) 参照葱烤豆腐的任务分析，分解工作任务，如菜品装盘图案设计、原料选购、菜品制作、装盘及保鲜等。

(2) 按葱烤豆腐的制作步骤进行制作，注意豆腐、鸡脯肉、肥膘及各种小料的加工方法、加工形状，其规格大小应符合制作工艺和食用的要求。

(3) 葱烤豆腐冷菜的制作以个人制作为主，原料选购可采取合作的方式。

(4) “原料选购”一栏要写明豆腐的特征、质地和弹性。应能够事先了解市场行情，并对拟购买的原料进行估价。

3. 学生制作(个人练习)

(1) 原料、制作方法同“示范”。

(2) 练习要求：要掌握葱烤豆腐的原料选择和各种小料的加工方法；注意掌握豆腐、鸡脯肉、肥膘及小料的加工方法和制作步骤，确保豆腐能够充分入味、质地软嫩、吃口鲜香；装盘时的堆放要整齐有序、形态饱满、成桥梁形。

任务评价

1. 自我评价

该评价主体是学生，由学生参照该菜品应有的评定标准对其制作的冷菜成品进行自我评价，参照表 2-8-1 的内容执行并将训练情况如实地填入表内。

表 2-8-1 “葱烤豆腐”制作自我评价表

主要工艺环节	操作规范执行情况	存在问题	解决思路与方法
造型设计			
原料选购			
菜品制作			
装盘			
保鲜			

2. 教师评价

任课教师或指导教师在学生自我评价的基础上，参照该冷菜应有的标准和操作规范对学生作品进行综合评价，并将分值填入表 2-8-2 中。

表 2-8-2 教师参照标准评价表

指标 / 分值 / 姓名	制作速度	标准数量	色泽	质感	口味	刀工	造型	合计
	20	10	10	10	10	20	20	

问题讨论

1. 豆腐的品质体现了葱烤豆腐的风味特色，如何选择优质的豆腐？

探究途径：(1)收集有关豆腐的知识；(2) 实地考察(如菜场、超市等)；(3)小组讨论与交流。

2. 豆腐的加工方法和加工步骤是葱烤豆腐制作的关键，除了烤以外，还可以用什么方法将豆腐加工成冷菜？

3. 除了豆腐以外，还可选用哪些原料制作类似的冷菜？

以上问题可以通过列表分析的方法对各个关键点进行分析和探讨，如表 2-8-3 所示。

表 2-8-3　关键点分析表

菜品名称	原料	形状要求	质地要求	制作步骤	装盘方法

知识链接(一)　冷菜的烹调方法——烤

1．烤的概念

烤,即将经过加工整理的原料,经葱、姜、料酒等腌渍后置于烤箱或烤炉中,利用微波或干热空气辐射加热,使原料成熟的一种成菜方法。

烤法,古称“炙”,是一种最古老的烹饪方法。人类自发现了火,制作熟食最先使用的方法就是野火烤食。现今,烤法已有重大的变化,除烤具、操作方法的变化外,更重要的是调料和调味方法的变化,这使烤制菜品的品种和口味更加丰富。烤制的原料从整牛、整羊、整禽、整鱼到蔬菜,无所不用。烤制菜品具有色泽金黄或红亮、表皮酥脆、肉质鲜嫩、干香醇浓、冷食热食均可的特点。

2．烤的方法分类

烤分为明炉烤和暗炉烤两大类。

(1) 明炉烤,指用敞口式火炉或火盆对原料进行烤制的方法。明炉烤又有叉烤、串烤和炙烤三种形式。叉烤是用双股铁叉烤整形或大块料,如叉烤鳜鱼、叉烤乳猪、叉烤鸭、叉烤肉方、叉烤长鱼方(需烤网助其定型)等。串烤是用细长铁(钢)钎串上细嫩易熟的小型料烤制。炙烤是在火盆上架一排铁条(或铁网),将腌制的薄形原料置铁条上烤,并用工具翻拨使之成熟。

(2) 暗炉烤,是使用可以封闭的烤炉对原料进行烤制的方法。暗炉烤又有挂烤和盘烤两种形式,其优点是温度稳定、原料受热均匀。挂烤,是将原料钩挂在炉中进行烤制的方法。盘烤,指将原料置于一盛器中放入箱或炉中烤制的方法,主要用于对畜、禽、鱼、虾、蟹等原料的烤制。在冷菜制作中应用盘烤较多,温度一般控制在 150 ~220℃。

3．烤的操作关键

(1)原料需腌渍的,要掌握调料的比例和腌渍的时间,以确保菜品的口味。

(2)原料外表需涂抹饴糖、蜂蜜、酱油等发色调料的,涂抹要均匀,并置通风处吹干表皮后再烤制。

(3)应根据原料的大小、老嫩和菜品风味的要求来确定烤制的方法。

(4)暗炉烤要先将炉温升高,然后再放入原料,炉温的高低要视原料的性质、多少而定。

(5)因明炉烤的火力分散,要注意勤翻动原料,使原料各部位均匀受热、成熟。

知识链接(二)——“叉烧”小常识

“叉烧”是从“插烧”发展而来的。插烧是将猪的里脊肉加插在烤全猪腹内烧烤的方法。因为一只烤全猪的味道最鲜美的地方是里脊肉,但一只猪只有两条里脊,难以满足就餐者的需要,于是人们便想出插烧之法。久而久之,“插烧”之名便被“叉烧”所替代。

插在猪腹内烧,用的是暗火,以热辐射烧烤而熟。叉着烧是用明火,是直接用火烤熟。叉烧的里脊会显得干枯,故后来人们便将里脊肉改为半肥瘦肉,并在表面涂抹饴糖,使其在烧烤过程中分解出油脂和饴糖以缓和火势而不致熟肉干枯,且会有甜蜜的芳香味。

启发教学案例

葱烤豆腐是用豆腐原料制作而成的冷菜,除豆腐以外,沿用此法,还能用其他原料来制作类似的冷菜。下面以蜜汁叉烧为例,介绍烤制菜品的其他制作案例。

蜜汁叉烧

1. 原料选用

猪夹心肉 500 克、生姜 50 克、葱 50 克、叉烧酱 300 克、饴糖 50 克、酱油 15 克、白糖 50 克、料酒 50 克。

2. 工艺流程

猪肉洗净→切成条状→腌渍入味→刷饴糖风干→烤制成熟→改刀装盘

3. 制作步骤

第一步:将猪肉切成长条状,放入容器中,加入已拍松的生姜、葱,酱油,白糖,料酒,叉烧酱腌渍 2 小时,使肉条入味。

第二步:将腌渍后的肉条挂在通风处风干,至肉条外表干爽,刷上一层饴糖继续风至干爽。

第三步:将风干的肉条放入烤箱烤制,烤制中途取出刷上几次饴糖再烤,烤至油外冒且稍有焦感即可。

4. 制作要领

(1) 原料除可选用夹心肉外,还可选用去皮的五花肉(肥三瘦七为好)。

(2) 腌肉的时间要到位,否则制作的叉烧肉口味不浓。

(3) 烤制前肉要风干,烤的时候要掌握好炉温及时间,保证肉的成熟度和最佳色泽。

5. 菜品特点

菜品色泽红亮、咸甜适口、肉香浓郁。

任务九 制作陈皮牛肉

◆任务介绍

根据牛肉的质地老韧、肌纤维粗的特点，采用油炸卤浸的冷菜制作方法，用陈皮和蒜苗搭配。冷菜菜品红绿相衬、口味麻辣、咸鲜辛香、陈皮味突出、酥嫩爽口。制作时将牛肉切成片后用油炸制使其脱去部分水分；将陈皮切片、辣椒切成段与葱段、姜片、花椒一起煸香；制卤，然后将炸好的牛肉放入卤中卤至牛肉酥软、色泽红亮、麻辣鲜香、陈皮味浓、略带回甜，然后收稠卤汁，装入盘中，并运用堆、排或套盘的装盘手法完成造型。冷拼造型美观、形态饱满、色泽搭配醒目，体现出牛肉香辣味浓的风味特色。

◆任务目标

* 熟知陈皮牛肉的造型设计、原料选购及用量、菜品制作、装盘、保鲜的工作过程
* 掌握陈皮牛肉的原料加工方法及冷菜制作的实践操作规范和方法
* 根据风味单盘的造型原则与要求完成陈皮牛肉冷菜的装盘，掌握其方法与操作关键
* 掌握风味单盘制作的工艺流程
* 根据风味单盘的制作要求举一反三，学会类似冷菜的制作方法
* 学会独立或合作完成陈皮牛肉冷菜制作的工作任务

◆重点与难点

* 陈皮牛肉冷菜原料的选择与质量控制
* 牛肉、陈皮的加工方法
* 陈皮牛肉的味型调制
* 制作陈皮牛肉的操作要求与规范
* 陈皮牛肉的装盘份量控制
* 陈皮牛肉的造型要求
* 举一反三，学会并掌握类似冷菜的制作方法
* 独立或合作完成陈皮牛肉冷菜制作的工作任务

任务分析

制作陈皮牛肉分造型设计、原料选购及用量、菜品制作、装盘与保鲜五个步骤，具体分析如下：

1. 造型设计

选用长盘，在长盘的一头采用垫底、切片盖面的方法排成桥梁形，在长盘的另一头用萝卜花和荷兰芹稍作点缀；也可采用自然堆落形，采用巧克力酱和果酱配以新鲜的果蔬原料加以装饰；还可以采用套盘的形式装盘，并加以点缀。

2. 原料选购及用量

（1）原料选购

牛肉分黄牛肉、水牛肉、牦牛肉、乳牛肉四种。黄牛肉的颜色一般呈棕红色或暗红色，脂肪为黄色，肌肉纤维较粗，肌肉间不夹杂脂肪。水牛肉肉色比黄牛肉暗，肌肉纤维粗而松弛，有紫色光泽，脂肪呈黄色，干燥而少黏性，肉不易煮烂，肉质差，不如黄牛肉。牦牛肉肌肉结实柔细、油润，呈红色，皮下有少量黄色脂肪，肌肉间也夹杂少量脂肪，质量最好，但价格也最高。乳牛肉呈鲜红色，肌肉较公牛肉柔软。

制作陈皮牛肉一般适宜选择黄牛的弹子肉、腱子肉或里脊肉，肉色应呈现棕红色，肉外面包裹着一层较薄的筋腱、表面略微湿润，肉味新鲜、无异味。如果肉色呈乳白或浅灰色，表面潮湿，有异味，则说明该牛肉不新鲜。如果牛肉湿漉漉的，颜色呈淡红色，则说明是注水牛肉，也不能选用。

（2）原料用量

净牛瘦肉 500 克、陈皮 40 克、花椒 3 克、干辣椒 50 克、生姜 15 克、葱段 35 克、白糖 20 克、精盐 7 克、酱油 10 克、味精 2 克、醪糟汁 25 克、料酒 25 克、芝麻油 10 克、熟菜油（或色拉油）800 克（实耗 100 克）、高汤 250 克。原料组合如图 2-9-1 所示。

图 2-9-1

3. 菜品制作

（1）烹调工艺流程

原料初加工→腌渍入味→油炸上色→调味收汁→冷却装盘

（2）制作步骤

第一步：将牛肉切成长 5 厘米、宽 2.5 厘米、厚 0.8 厘米的片（或切成粗 0.8 厘米、长 5～6 厘米的条），放入碗中，加入精盐 5 克、料酒、姜片、葱段拌匀,腌渍30分钟,然后捡去姜和葱待用。将陈皮改成2厘米的小块,用清水泡软,批去内瓤,去掉一部分苦涩味;将葱切成段、姜切成厚片拍松、干辣椒切成1.7厘米长的段。

第二步:净锅置旺火上,下油烧至七成热,将牛肉片放入油锅内炸2分钟捞起,待油温再升至七成热时,将牛肉再入油锅内,炸至其表面结壳成棕红色捞出,沥去油。

第三步:锅内复加油100克烧至四成热,放入葱、姜、干辣椒、花椒炸至呈棕红色起香时,放入陈皮炒出香味,加入高汤、泡陈皮的水,加入精盐、酱油、白糖、醪糟汁熬制出味。倒入炸好的牛肉,煤制至酥烂入味,待收汁亮油时,放入味精、芝麻油炒匀起锅冷却即成。装盘效果如图2-9-2所示。

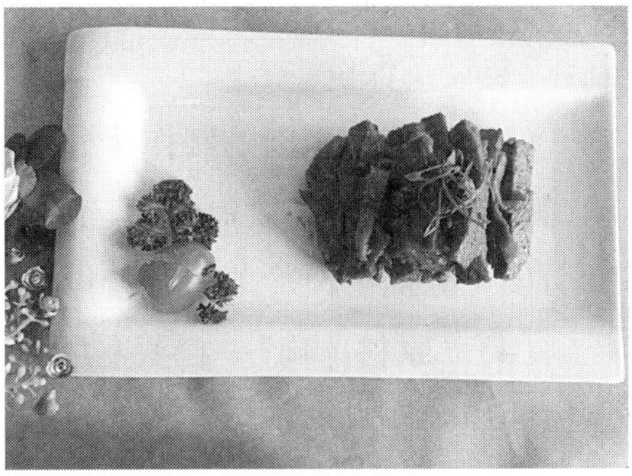

图2-9-2

制作要领:

(1)正确把握陈皮味型的调料比例及调制方法。

(2)掌握煤制时的火候,保证菜品红亮油润。

(3)根据菜品色泽决定是否用酱油。

4. 装盘

陈皮牛肉用自然堆放的手法装盘,要求堆放成自然堆落形,形态饱满,应将蒜苗丝放在自然堆落形的顶端,突出蒜苗的颜色,起到点缀和衬托的作用。除了堆的方法以外,也可用垫底、切片盖面的形式将牛肉切排成桥梁形,装在长方盘的一头,在长方盘的另一头用果酱和新鲜的果蔬进行装饰。还可以采用套盘形式进行装盘,将牛肉装在小盅内,将小盅放在长方盘的一头,在长方盘的另一头用鲜花进行点缀装饰。

5. 保鲜

陈皮牛肉装盘后,应立即用保鲜膜或保鲜罩盖住盘面,放在10~20℃的室温环境中进行保鲜,食用时揭开直接上桌即可。这样能防止菜品受到污染,并保持菜品应有的水分和风味特色。用保鲜膜封盖时,应将保鲜膜拉直,整齐撕下,注意动作应轻盈快速,不能破坏盘内造型。

任务实施

1. 示范

用多媒体讲解任务流程、操作示范;成品展示、复述要领。学生品尝,集中讨论。

2. 下达“冷菜制作工作任务计划书”

工作任务计划的内容及要求如下：

(1) 参照陈皮牛肉的任务分析，分解工作任务，如菜品装盘图案设计、原料选购、菜品制作、装盘及保鲜。

(2) 按陈皮牛肉的制作步骤进行制作，注意牛肉、陈皮及各种小料的加工方法、加工形状，其规格大小应符合制作工艺和食用的要求。

(3) 陈皮牛肉冷菜的制作以个人制作为主，原料选购可采取合作的方式。

(4) “原料选购”一栏要写明牛肉的品种、等级和部位。应能够事先了解市场行情，并对拟购买的原料进行估价。

3. 学生制作(个人练习)

(1) 原料、制作方法同“示范”。

(2) 练习要求：要掌握牛肉的原料选择、各种小料的加工方法；注意掌握牛肉的加工方法和制作步骤，确保牛肉能够充分入味、质地酥烂、吃口留香；装盘时的堆放要整齐有序、完整、形态饱满、成自然堆落形。

任务评价

1. 自我评价

该评价主体是学生，由学生参照该菜品应有的评定标准对其制作的冷菜成品进行自我评价，参照表 2-9-1 的内容执行并将训练情况如实地填入表内。

表 2-9-1 “陈皮牛肉”制作自我评价表

主要工艺环节	操作规范执行情况	存在问题	解决思路与方法
造型设计			
原料选购			
菜品制作			
装盘			
保鲜			

2. 教师评价

任课教师或指导教师在学生自我评价的基础上，参照该冷菜应有的标准和操作规范对学生作品进行综合评价，并将分值填入表 2-9-2 中。

表 2-9-2 教师参照标准评价表

姓名 \ 指标 / 分值	制作速度	标准数量	色泽	质感	口味	刀工	造型	合计
	20	10	10	10	10	20	20	

问题讨论

1. 牛肉的品质体现了陈皮牛肉的风味特色，如何选择优质的牛肉？

探究途径：(1) 收集有关牛肉的知识；(2) 实地考察（如菜场、超市等）；(3) 小组讨论与交流。

2. 牛肉的加工方法和加工步骤是陈皮牛肉制作的关键，除了㸆法以外，还可以用什么方法将牛肉加工成冷菜？

3. 除了牛肉以外，还可选用哪些原料制作类似的冷菜？

以上问题可以通过列表分析的方法对各个关键点进行分析和探讨，如表 2-9-3 所示。

表 2-9-3 关键点分析表

菜品名称	原料	质地要求	加工方法	调味类型	装盘效果

知识链接(一) 冷菜的烹调方法——㸆

1. 㸆的概念

㸆又称炸收,是将初步熟处理(清炸或干煸)的原料放入锅内,加入汤水及调料,用中小火加热至汤浓入味,再用中火收干卤汁的一种烹调方法。

㸆的方法主要使汤汁和调味料渗透原料内部,经收汁使菜品表面亮油、味浓滋润,适用的原料有鸡、鸭、鱼、虾、猪肉、排骨、牛肉、兔肉、豆制品等。原料的形状加工以条、片、丁、块、段为主。成菜的口味有咸甜味、五香味、麻辣味、糖醋味、茄汁味、咸鲜味等。㸆制的菜品既可热制热吃,亦可热制冷吃。菜品有糖醋排骨、芝麻肉丝、麻辣兔丁等。㸆类菜品具有色泽油亮、质地酥软、香味浓郁的特点。

2. 油炸浸卤法和㸆法的区别

油炸浸卤是指将油炸后的半成品,趁热放入卤汁中浸泡入味制成菜品的一种烹制方法。油炸浸卤法的操作工艺,除了调制卤汁、放入炸好的原料浸泡外,其刀工处理、基础调味、原料熟处理等工序与㸆法基本相同。菜品具有色泽黄亮、细嫩滋润、醇香味浓的特点。

知识链接(二) 陈皮味在冷菜中的应用

陈皮又叫橘皮、贵老、红皮、黄橘皮、广橘皮、新会皮、柑皮、广陈皮。陈皮为芸香科植物橘及其栽培变种的成熟果皮,每年 10 – 12 月果实成熟时,摘下果实,剥取果皮,阴干或通风干燥制成。陈皮的功效与作用很丰富。

陈皮味为咸辣味型之一,其味型特征为色泽红亮、麻辣鲜香、陈皮味浓、略带回甜。调味品主要有精盐、陈皮、干红辣椒、花椒、白糖、姜、葱、醪糟汁等。冷菜中的陈皮味制作有调汁和熬汁两种方法。前者是将陈皮、干辣椒、花椒、八角等香料剁成碎末,与姜片、葱白放入锅中炸后加入清水、精盐、白糖、料酒烧开,将卤汁倒入容器并淋入红油,焖泡 30 分钟后去掉碎渣。此味汁可直接拌入或淋入装盘的冷菜中。而后者主要用于陈皮牛肉、陈皮兔丁等冷菜的调味收汁,但要注意㸆出红油。

在调味品的应用上,精盐的作用是定基本咸味;陈皮用量应多,使菜品的陈皮味突出;干辣椒、花椒粒可以增强菜品的香辣味和香麻味,并可增色,二者用量以不压住陈皮味为好;白糖的作用是和味、提鲜、解腻,使菜品略带甜味;姜、葱、料酒的作用是除异味、增香味。

陈皮味与五香味有抵触,并对其他复合味有压抑作用,在菜品味的组合上应注意。

启发教学案例

陈皮牛肉是以牛肉为原料用㸆法制作而成的冷菜,除了牛肉以外,沿用此法,还能用其他原料来制作类似的冷菜。下面以酥㸆大虾、糖醋仔排和五香酥鱼为例，介绍㸆的其他制作案例和油炸卤浸的方法。

案例1 酥㸆大虾

1. 原料选用

虾的肌纤维比较细、组织蛋白质的结构松软、水分含量较多，所以肉质细嫩，容易消化吸收，适合病人、老年人和儿童食用。虾分为河虾和海虾两类，这两类虾除了口味的差异外，营养价值差不多。海虾由于肉的韧性好，吃起来比较老，河虾则比较细嫩、吃起来口感好。因此酥㸆大虾应选用河虾，以在野生环境下自然生长、虾体完整、鲜活、个头大者为最佳。对于已经死亡的，或者是冰冻的虾，如果虾体不全或不能自然弯曲，且有异味，则说明此虾已经不新鲜了。

大河虾350克、葱末10克、姜末12克、料酒25克、酱油20克、白糖25克、香醋15克、味精1克、鲜汤50克、芝麻油2.5克、色拉油500克(约耗50克)。

2. 工艺流程

大虾洗净、修整→油炸→㸆制入味→收汁装盘

3. 制作步骤

第一步：将虾剪去须、钳、脚，洗净后捞起，沥干水分。

第二步：炒锅内加入色拉油，上火加热，待油温烧至六成热时将虾放入锅内，用炒勺不断翻动河虾，使其充分炸透，炸至虾壳变红起脆时立即用漏勺捞起沥油；待油温升至八成热时，将虾倒入锅中复炸，待虾壳呈橙红色、质感酥脆、肉与壳脱开时用漏勺捞出沥油。

图2-9-3

第三步：将锅内的油倒出，加入葱、姜末煸炒起香，加入料酒、酱油、白糖、鲜汤熬制2分钟，然后放入炸好的大虾，用旺火烧开后改中小火烧至入味，待虾完全入味后，用旺火收汁。淋入芝麻油、香醋，加入味精颠翻几下，出锅装盘冷却即成。装盘效果如图2-9-3所示。

4. 制作要领

(1) 鲜活河虾要大小均匀。用旺油两次速炸，烹以调味汁，使虾壳爆裂突起。

(2) 炸虾宜用素油，如果用荤油，凉后即起白沙，令人望而生腻。

5. 菜品特色

菜品红艳松脆，虾肉鲜嫩，略带酸甜。

案例 2　糖醋仔排

1. 原料选用

猪仔排 600 克(两份量,成菜重约 500 克)、葱段 50 克、姜片 30 克、料酒 100 克、红汤酱油 40 克(腌渍料)、色拉油 1500 克、白糖 150 克、香醋 200 克、大红浙醋 20 克、精盐 2 克。

2. 工艺流程

排骨洗净→改刀→腌渍→油炸→烧㸆成菜→装盘

3. 制作步骤

第一步:将猪仔排去碎骨洗净;将葱白洗净;将生姜去皮、洗净。

第二步:将葱白切成 6 厘米长的段,用刀面拍松;将生姜切成 0.2 厘米厚的片,用刀面拍松;将猪仔排用刀斩成长 3 厘米、宽 2 厘米的小块;将斩好的排骨放入盆内,加入葱段、姜片、料酒、红汤酱油,拌匀后腌渍 30 分钟,拣去葱段、姜片待用。

第三步:炒锅置大火上,放入色拉油,加热至 210℃时,放入仔排炸制 2 分钟,待仔排收缩、定形时捞出;待油温降至 120℃时,放入仔排浸炸,捞出;再将油温加热升至 170℃,放入仔排复炸,至仔排浮至油面、表皮呈枣红色时,捞出沥油。取净锅上火,放入清水 1000 克、精盐、炸好的仔排,大火烧开,撇去浮沫,用小火㸆至仔排七成烂(约 30 分钟)。然后加入白糖、香醋,中火收稠汤汁,再淋入大红浙醋,继续㸆至仔排色泽光亮时,盛起装盘即可。装盘效果如图 2-9-4 所示。

图 2-9-4

4. 制作要领

(1) 排骨改刀时要大小均匀、形状整齐。

(2) 排骨炸制不宜过老,应保持一定的水份,否则易干老不酥烂。

(3) 需要在排骨七成烂时放入白糖、香醋等调味料,不宜过早。

(4) 㸆制排骨应至色泽光亮、卤汁稠浓紧裹。

5. 菜品特点

菜品色泽光亮红润,糖醋味浓,排骨酥香柔韧、甜酸适口。

案例3　五香酥鱼

五香酥鱼的烹调方法为油水炸卤浸法。

1．原料选用

鲜活青鱼(或草鱼)肉500克、料酒15克、葱5克、酱油15克、姜块10克、白糖50克、八角5克、精盐5克、桂皮5克、色拉油2500克、五香粉2克。

五香酥鱼的烹调方法为油炸卤浸法。

2．工艺流程

鱼块改成块→腌渍调味→调制卤汁→炸制鱼块→浸卤入味→装盘

3．制作步骤

第一步：将鱼肉用斜刀批切成1.6厘米左右厚的瓦块状，放入盛器内，加料酒5克、精盐腌渍约2小时后取出，晾干待用。

第二步：在锅中放入水500克和料酒10克，而后放入葱、姜(拍松)、茴香、桂皮、白糖，用旺火煎熬至汁水起黏性时，捞出葱、姜、茴香、桂皮，离火，制成卤汁待用。

第三步：另取锅置旺火上，放入色拉油，待油温升至七成热左右时，将腌渍后的鱼块逐块放入锅中，炸至鱼块外层结壳时用漏勺捞起；待油温回升至七成热时，复将鱼块入锅，炸至外层呈深棕色，用漏勺捞出，放入卤汁中，加盖焖渍约1分钟捞出，装盘即成。食用时可撒入少量五香粉。

4．制作要领

(1) 要控制好炸鱼的油温，油温低则鱼块表面不易结壳，油温高则易炸焦而不能食用。炸制后的鱼块要求保持外脆香、里鲜嫩。

(2) 调制卤汁时下料不能够太少，否则无味。

5．菜品特点

菜品外香里嫩、鲜酥可口，兼有甜咸味，回味浓郁。

任务十　制作怪味腰果

◆任务介绍

根据腰果香脆的质感特点,采用挂霜的方法,调制怪味味型,将腰果做成红褐色。冷菜成品口味咸甜酸辣、麻鲜辛香、酥脆爽口。制作时将腰果先放入油锅里炸脆,再用油纸吸净油份;然后熬制糖霜,并在糖霜内调入怪味;最后将腰果放进糖霜内进行挂霜,并采用堆的装盘手法完成造型。冷菜造型美观、形态饱满、色泽搭配醒目,体现出腰果香脆爽口的风味特色。

◆任务目标

* 熟知怪味腰果的造型设计、原料选购及用量、菜品制作、装盘、保鲜的工作过程
* 掌握怪味腰果的原料加工方法及冷菜制作的实践操作规范和方法
* 根据风味单盘的造型原则与要求完成怪味腰果冷菜的装盘,掌握其方法与操作关键
* 掌握风味单盘制作的工艺流程
* 根据风味单盘的制作要求举一反三,学会类似冷菜的制作方法
* 学会独立或合作完成怪味腰果冷菜制作的工作任务

◆重点与难点

* 怪味腰果冷菜原料的选择与质量控制
* 腰果、糖霜的加工方法
* 怪味腰果的味型调制
* 制作怪味腰果的操作要求与规范
* 怪味腰果的装盘份量控制
* 怪味腰果的造型要求
* 举一反三,学会并掌握类似冷菜的制作方法
* 独立或合作完成怪味腰果冷菜制作的工作任务

任务分析

制作怪味腰果分造型设计、原料选购及用量、菜品制作、装盘与保鲜五个步骤，具体分析如下：

1. 造型设计

选用长盘，自然堆放成花卉形，在盘边将黄瓜修成“万年青叶子”形、哈密瓜拼成“花盆”形，稍作点缀；也可选用套盘盛装，用小盘自然堆放挂好霜的腰果，然后将小盘叠放于长方盘的一头，在长方盘的另一头用巧克力花点缀，烘托整体效果。

2. 原料选购及用量

（1）原料选购

腰果属漆树科常绿乔木的果实之一，是木本油料作物的一种，可供食用，烹饪成菜则异香味美。选购时应选择外观形状完整、呈月牙形、乳白色、形状饱满、气味鲜香、油脂丰富、无蛀虫、无斑点、无霉变的腰果。用手轻轻地搓一下腰果，若有黏手或潮湿感觉，则表示鲜度不佳，不能选用。

（2）原料用量

腰果 400 克、白砂糖 150 克、花生油 750 克（实耗 10 克）、干辣椒末 50 克、花椒粉 5 克、胡椒粉 5 克、香醋 10 克、精盐 3 克、味精 1 克。原料组合如图 2-10-1 所示。

图 2-10-1

3. 菜品制作

（1）烹调工艺流程

腰果洗净→油炸→熬制糖霜→调制怪味→挂霜→冷却

（2）制作步骤

第一步：腰果放入沸水中煮烫 2 ~ 3 分钟，捞出沥干水分。目的是去除腰果表面灰尘、杂质和油脂。

第二步：炒锅置于中火上，倒入花生油，将腰果放入冷油中，待油温烧至三四成热时端锅离火，炸 3 ~ 5 分钟，待腰果的颜色略变时立即将其捞出沥油并用吸油纸吸净腰果表面的油份。

第三步：将洗净的炒锅复上火，放入清水 100 克，加入白糖慢慢熬化，边加热边搅拌，在糖汁呈乳白色、表面气泡变得小而密时，加入精盐、辣椒末、花椒粉、胡椒粉快速搅拌均匀，然后倒入炸好的腰果，加适量香醋快速翻拌。待腰果均匀地挂上糖汁以后端锅离火，边冷却边搅拌，待糖汁开始凝霜时停止搅拌，让其自然冷却即可。

制作要领：

（1）腰果在油炸之前一定要清洗干净，否则腰果表面的灰尘会影响菜品的质感。

（2）绵白糖比颗粒白糖要容易融化，因此要选用绵白糖。

（3）腰果中富含脂肪，入油锅时要冷油下锅，用小火慢慢地焐炸。炸制时间也不宜过长，要保持腰果的乳白色泽。

（4）熬糖是挂霜的关键，熬制时要注意把握好水和糖的比例、熬制时间和熬制程度，要边熬制边搅拌，使糖水均匀受热，不至于出现锅边温度过高而发生焦糖化反应。

（5）调制怪味的时候要把握好各种调味品的比例关系，在糖汁里稍微熬制片刻，使各种呈味物质都能均匀地融合。腰果入锅后要迅速拌匀而且要迅速冷却，这是保证挂霜质量的要点。装盘效果如图 2-10-2 所示。

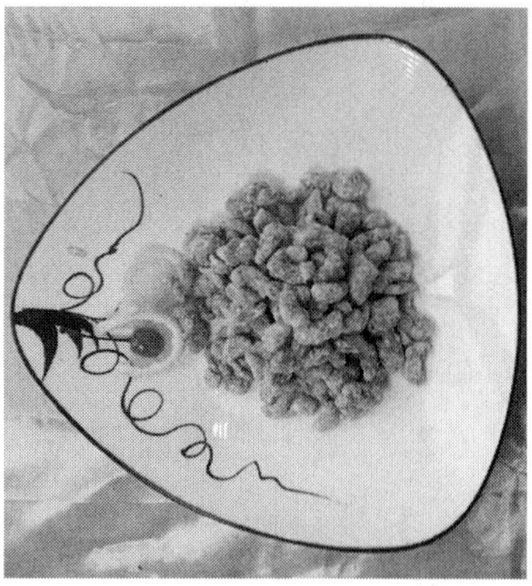

图 2-10-2

4. 装盘

怪味腰果采用堆的手法装盘，要求在腰盘的一头堆放成花卉形，形态饱满，将黄瓜皮切成“万年青叶子”和花柱放在腰果下端；将哈密瓜切成片，拼摆成花盆的形状放在腰果底端进行点缀。除了堆成万年青形状以外，还可以堆成向日葵形状、寿桃形等。也可用套盘的方法进行转盘造型，即先将怪味腰果放在小盘内，再将小盘放在长方盘的一头，在长方盘的另一头用巧克力花或新鲜的花草进行点缀。

5. 保鲜

将装盘以后的腰果放在干燥的地方，用保鲜膜密封好。用保鲜膜密封时，将保鲜膜拉直，整齐撕下，注意动作要轻盈快速，不能破坏整体造型。也可以将做好的腰果放在塑料袋内，扎紧袋口，或将做好的腰果放置在密封的玻璃罐内，食用时再取出装盘。

任务实施

1. 示范

用多媒体讲解任务流程、操作示范；成品展示、复述要领。学生品尝，集中讨论。

2. 下达“冷菜制作工作任务计划书”

工作任务计划书内容及要求如下：

（1）参照怪味腰果的任务分析，分解工作任务，如菜品装盘图案设计及腰果、怪味调味品的采购，以及菜品的制作、装盘及保鲜等。

(2) 按怪味腰果的制作步骤进行制作,注意腰果的加工方法、熬糖技术与挂霜方法。

(3) 怪味腰果制作以个人制作为主,原料选购可采取合作的方式。

(4) "原料选购"一栏要写明腰果的色泽和质感。应能够事先了解市场行情,并对拟购买的原料进行估价。

3. 学生制作(个人练习)

(1) 原料、制作方法同"示范"。

(2) 练习要求:要掌握腰果的原料选择和菜品制作方法;注意掌握熬糖的时间与挂霜的技术要领,保持腰果酥脆爽口;装盘时的堆放要整齐有序、形态饱满。

任务评价

1. 自我评价

该评价主体是学生,由学生参照该菜品应有的评定标准对其制作的冷菜成品进行自我评价,参照表 2-10-1 的内容执行并将训练情况如实地填入表内。

表 2-10-1 "怪味腰果"制作自我评价表

主要工艺环节	操作规范执行情况	存在问题	解决思路与方法
造型设计			
原料选购			
菜品制作			
装盘			
保鲜			

2. 教师评价

任课教师或指导教师在学生自我评价的基础上,参照该冷菜应有的标准和操作规范对学生作品进行综合评价,并将分值填入表 2-10-2 中。

表 2-10-2 教师参照标准评价表

指标 / 分值 / 姓名	制作速度	标准数量	色泽	质感	口味	刀工	造型	合计
	20	10	10	10	10	20	20	

问题讨论

1. 腰果和怪味调味品的品质体现了怪味腰果的风味特色,如何选择腰果和怪味调味品?

探究途径:(1) 收集有关腰果和怪味调味品相关知识;(2) 实地考察(如菜场、超市)等;(3) 小组讨论与交流。

2. 熬糖技术和挂霜是怪味腰果制作的关键,除了用腰果进行挂霜以外,还能用哪些原料来进行挂霜?

3. 除了怪味味型以外,还可选用哪些味型来制作类似的冷菜?

以上问题可以通过列表分析的方法对各个关键点进行分析和探讨,如表 2-10-3 所示。

表 2-10-3　关键点分析表

菜品名称	原料要求	形状要求	质感要求	加工方法	调味类型	造型设计

知识链接(一)　冷菜的烹调方法——挂霜

1. 挂霜的概念

挂霜,即将经过油炸、干炒、盐炒、烘烤等方法成熟的小型原料投入过饱和状态的糖溶液中拌匀后出锅迅速冷却,使糖重新结晶,在原料表面包裹上一层粉霜状的白糖而制作成菜的一种烹调方法。

挂霜的方法在有的地方又称返沙、粘糖,其原理主要是利用糖的再结晶。挂霜的原料多选用含水量少的干鲜果品、根或块茎类蔬菜及一些动物性原料。挂霜菜品具有色泽洁白、质感酥脆、香甜可口的特点,是冷菜中常用的一类冷甜菜式,如挂霜腰果、挂霜生仁、挂霜莲子、挂霜排骨等。

2. 挂霜的操作关键

(1) 把握好原料的成熟环节。挂霜菜品主要的特色是脆、香、甜,因此,原料过油、炒制或烘烤时,应当把握好火候,保证其达到成菜的质感和要求。对于少数动物性原料,为使其达到外酥脆、里鲜嫩的效果，可采用挂糊炸的方法使其成熟。

（2）掌握好水和糖的投放比例，一般为1∶3～1∶4为宜。比例过大或过小都会影响糖的再结晶。

（3）掌握好熬糖浆的火候。熬制糖浆前，应先将锅洗净，加入水和糖，用小火熬制，待糖全部溶化后，要依据加热的温度和水泡的变化来观察糖浆的老嫩。在熬糖液时，一般通过观察来掌握，当锅中糖溶液的水泡由少到多、由大变小，并逐渐变为小而均匀、稠浓并像鱼眼泡时，舀起糖浆向下倾倒成似流非流的半流体，下滴时呈连绵透明的片状，此时糖浆达到过饱和状态，也是离火投放原料的最佳时间。

（4）掌握好原料挂糖浆的量。在制作挂霜菜品时，糖浆的量与原料的比例是否恰当，对起霜的效果也有一定的影响。一般来说，原料与糖浆的比例以2∶1为宜。因为，糖浆少了，不能保证原料挂浆均匀，原料表面泛起的白霜也就不会均匀；糖浆过多，原料挂浆过厚，糖浆冷却就慢，不仅不易起霜，还会继续凝结成大的结晶颗粒，或结成硬块。有时，为了使挂霜菜品有更好的起霜效果，在原料挂浆的同时，可将熟淀粉均匀地撒在裹满糖浆的原料上。为了丰富菜品的口味，也可掺入可可粉、芝麻粉、辣椒粉、奶粉等，菜品如可可核桃仁、奶味腰果等。

（5）原料挂浆后要立即冷却处理。糖霜是由糖溶液受热重新结晶所形成的，糖溶液受热不断出现结晶，晶粒会不断聚集变大。当受热停止、温度下降，晶核则不再长大，而是由大变小、分散开来。温度下降越快，晶粒也就分散越快、越小，最终在原料表面形成白霜。所以，冷却处理这一环节也是挂霜菜品成败的关键。

知识链接（二） 怪味在冷菜调味中的应用

怪味是冷菜中具有特色的一种味型，成菜风味独特，具有“七味”并列之效果，即咸、鲜、麻、辣、香、甜、酸各味兼备，食之有回味无穷的特点。

调制怪味使用的调味品主要有精盐、酱油、味精、白糖、芝麻酱、香醋、芝麻油、红油（或辣椒面）、花椒面、熟芝麻等。先将白糖、精盐、酱油、醋溶化，再与味精、芝麻油、花椒末、芝麻酱充分调匀即可。对异味较重的动物性荤料，在调制怪味时可酌情加入豆瓣酱、生姜、葱、大蒜等调料；果仁挂霜类菜品则不用酱油、醋、红油，而用白糖（或饴糖）、精盐、味精、香醋、五香粉、花椒粉、辣椒粉、熟芝麻等。应根据菜品不同，灵活调整调味品。

在调制时，应重点把握各种调味料的用量以达到味的平衡与协调，使菜品在食用中同时呈现多种滋味，并使各种味的层次感突显出来。在咸鲜味的基础上，麻辣味为第一层次，要强一些；甜酸味为第二层次，要略轻一些。甜酸味不要过量，以免破坏味的平衡。不能因为某一种或两种基本滋味太浓、太突出而影响其他滋味的表现。

在应用上，怪味四季皆宜，且适合调制本味较鲜的原料，能使其滋味丰富而不压抑原料的本味，调味的方法以拌汁和浇汁为主，如畜禽类、水产类等原料制作的冷菜。在与其他复合味的配合上，怪味不宜与红油味、酸辣味、麻辣味相配合。

知识链接（三） 琉璃法介绍

在熬糖技法中，还有一种琉璃法，也是冷菜制作的方法之一。琉璃法实为拔丝烹调方法的分支，其熬糖的方法和拔丝的方法相同。

琉璃法和拔丝法的不同之处在于：拔丝菜品是成菜后立即装入盘内，配冷开水趁热供客人食用；而琉璃菜品则是将挂上热溶糖浆的原料撒在干净的案板上，用铲子反复拨动，从而使菜品快速冷却、块粒分离，并在原料表面均匀地包裹上一层透明的糖壳，菜品晶莹明亮、状如琉璃。菜品如琉璃樱桃肉、琥珀桃仁、琉璃藕等。

启发教学案例

怪味腰果是用腰果为原料采用挂霜的方法制作而成的冷菜，在挂霜的过程中调入了怪味。除了腰果以外，还能用其他原料来制作，也能调制成其他的味型。下面以挂霜丸子为例，介绍其他挂霜菜品的制作方法。

挂霜丸子

1．原料选用

熟猪肥膘150克、面粉90克、白糖200克、鸡蛋黄40克、香蕉精少许、花生油1000克（约耗40克）。

2．工艺流程

熟猪肥膘切成粒→加蛋黄、面粉和清水调匀成糊→挤成丸子炸制→熬糖→挂霜→装盘

3．制作步骤

第一步：将肥肉膘切成粒状放入碗内，加入蛋黄、面粉和适量的清水调匀上劲。

第二步：将花生油放入锅内烧至160℃左右，把调好的肉泥挤成直径约2.5厘米的丸子，放入油内慢火炸熟至色呈浅黄时捞出控净油。

第三步：在锅内放清水100克和白糖，置慢火上熬制，慢慢熬到糖液变稠、色呈乳白时，立即放上炸好的丸子。离火对丸子进行推翻，使丸子均匀地沾上一层糖液，滴上香蕉精，用筷子逐个将丸子摆入盘内即成。装盘效果如图2-10-3所示。

图2-10-3

4．制作要领

（1）肉缔一定要搅拌上劲，否则丸子容易碎，而且吃口没有弹性。

（2）要将丸子挤得大小均匀，炸制时既要炸透，又不能使色过深。

（3）熬糖是关键，挂霜是核心。糖液在即将凝固时，不要再颠翻，否则已沾在丸子上的糖会脱落。

5．菜品特点

菜品色泽洁白、口味甜润、香酥爽口。

任务十一　制作鲜奶南瓜冻

◆任务介绍

根据鲜牛奶和老南瓜的特点，采用冻的冷菜制作方法。冷菜成品黄白相衬、口味醇美、质感细腻、鲜香爽滑。制作时将老南瓜去皮切片后上笼蒸熟，搨成南瓜泥；用水将琼脂洗净、泡发后上笼蒸透，加入白糖、少许精盐调味；然后在南瓜泥内掺入溶化的琼脂，调匀后冷却；再将鲜牛奶中掺入溶化的琼脂，调匀后倒入装有南瓜泥的盛器中再次冷却成菜，运用排的装盘手法完成造型。冷菜造型美观、形态饱满、色泽搭配醒目，体现出鲜奶南瓜冻细腻爽滑、口味香甜的风味特色。

◆任务目标

* 熟知鲜奶南瓜冻的造型设计、原料选购及用量、菜品制作、装盘、保鲜的工作过程
* 掌握鲜奶南瓜冻的原料加工方法及冷菜制作的实践操作规范和方法
* 根据风味单盘的造型原则与要求完成鲜奶南瓜冻冷菜的装盘，掌握其方法与操作关键
* 根据风味单盘的制作要求举一反三，学会类似冷菜的制作方法
* 学会独立或合作完成鲜奶南瓜冻冷菜制作的工作任务

◆重点与难点

* 鲜奶南瓜冻冷菜原料的选择与质量控制
* 老南瓜、琼脂的加工方法
* 鲜奶南瓜冻的味型调制
* 制作鲜奶南瓜冻的操作要求与规范
* 鲜奶南瓜冻的装盘份量控制
* 鲜奶南瓜冻的造型要求
* 举一反三，学会并掌握类似冷菜的制作方法
* 独立或合作完成鲜奶南瓜冻冷菜制作的工作任务

任务分析

制作鲜奶南瓜冻分造型设计、原料选购及用量、菜品制作、装盘与保鲜五个步骤，具体分析如下：

1. 造型设计

选用长盘，自然排放成楼梯形，盘边用绿色的黄瓜片和红樱桃稍作点缀；也可选用正方形盘，依然保持楼梯形堆放，用绿色的黄瓜片和红樱桃稍作点缀以增添整体效果。

2. 原料选购及用量

(1) 原料选购

南瓜营养丰富，可以健脾护肝，预防胃炎和夜盲症，常吃可使皮肤变得细嫩，并有中和致癌物质的作用。挑选南瓜时，首先要看成熟度，南瓜越老越好。南瓜越老，所含的水分越少、含糖量越大、筋越少、口感越敦实厚重。第一要选外形完整的南瓜，若南瓜表面有损伤、虫害或斑点，则不宜选购。第二要看南瓜的颜色。金黄色的南瓜比较好，颜色深黄、条纹清晰粗重的为成熟的南瓜。第三可以用手拍南瓜，听发出来的声音。如果南瓜声音发闷、有厚实感，就为老南瓜，声音发脆空洞的为嫩南瓜。除此以外，还可直接切开南瓜，观看瓜瓤和瓜子。瓜瓤为金黄色的最好，瓜子越成熟饱满的越好。

(2) 原料用量

老南瓜 500 克、鲜牛奶 200 克、琼脂 150 克、精盐 1 克、白糖 50 克。原料组合如图 2-11-1 所示。

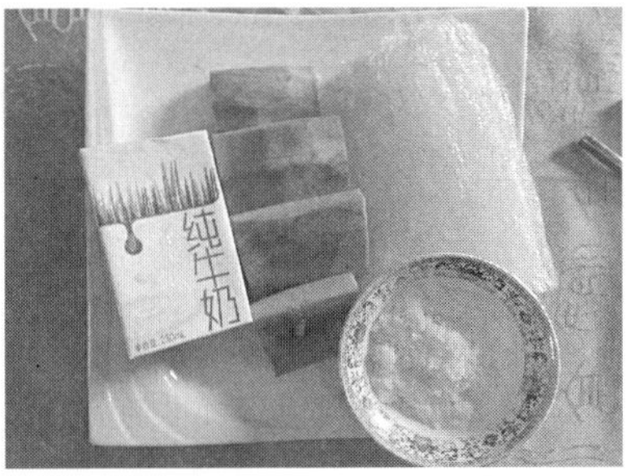

图 2-11-1

3. 菜品制作

(1) 烹调工艺流程

南瓜、琼脂初加工→制熟→搨南瓜泥→调味→调制琼脂→混合冷却→装盘

(2) 制作步骤

第一步：将老南瓜去表皮，切成瓣，去籽洗净，上笼蒸熟，搨成南瓜泥，加入白糖和少许精盐调匀待用。

第二步：将琼脂用水洗净后浸泡回软，鲜牛奶加热后加入白糖调匀待用。

第三步：将浸泡后的琼脂蒸化，一半加入牛奶中，一半加入南瓜泥中。

第四步：将过滤以后的琼脂南瓜汁先倒入容器中，装至容器深度的一半，等其凝结后倒入牛奶琼脂，把盛器装满。

第五步：待鲜奶南瓜冻全部冷却后，改刀装盘即可。

制作要领：

（1）琼脂的用水比例要掌握好，以 1∶10 最佳，否则硬度不够。

（2）南瓜琼脂溶液和牛奶琼脂溶液要过滤，否则容易出现杂质、观感下降。

4. 装盘

鲜奶南瓜冻装盘时用排的手法，要求排成楼梯形，形态饱满，将黄瓜和红樱桃放在盘子的另一端，既突出菜品颜色，也起到点缀和衬托的作用。装盘效果如图 2-11-2 所示。除此以外，还可用套盘的方法造型，即先将鲜奶南瓜冻切成丁放在小盅里，再将小盅置于长方盘的一头，在长方盘的另一头用新鲜的果蔬进行点缀。

图 2-11-2

5. 保鲜

鲜奶南瓜冻装盘后，应立即用保鲜膜或保鲜罩盖住盘面，放在 10～20℃ 的室温环境中或冷藏柜进行保鲜，食用时揭开直接上桌即可。这样能防止菜品受到污染，并保持菜品应有的风味特色。用保鲜膜封盖时，应将保鲜膜拉直，整齐撕下，注意动作应轻盈快速，不能破坏盘内造型。

任务实施

1. 示范

用多媒体讲解任务流程、操作示范；成品展示、复述要领。学生品尝，集中讨论。

2. 下达“冷菜制作工作任务计划书”

工作任务计划书内容及要求如下：

（1）参照鲜奶南瓜冻的任务分析，分解工作任务，如菜品装盘图案设计，老南瓜、琼脂和鲜奶的选购，以及菜品的制作、装盘和保鲜等。

（2）按鲜奶南瓜冻的制作步骤进行制作，注意老南瓜的加工方法、鲜奶南瓜冻的加工方法与加工形状，根据菜品要求控制鲜奶南瓜冻的软硬度。

（3）鲜奶南瓜冻制作以个人制作为主，原料选购可采取合作的方式。

（4）“原料选购”一栏要写明老南瓜的色泽和老嫩程度。应能够事先了解市场行情，并对拟购买的原料进行估价。

3. 学生制作（个人练习）

（1）原料、制作方法同“示范”。

（2）练习要求：要掌握鲜奶南瓜冻的原料选择、制作流程及制冻的方法、要领。

任务评价

1. 自我评价

该评价主体是学生，由学生参照该菜品应有的评定标准对其制作的冷菜成品进行自我评价，参照表 2-11-1 的内容执行并将训练情况如实地填入表内。

表 2-11-1　“鲜奶南瓜冻”制作自我评价表

主要工艺环节	操作规范执行情况	存在问题	解决思路与方法
造型设计			
原料选购			
菜品制作			
装盘			
保鲜			

2. 教师评价

任课教师或指导教师在学生自我评价的基础上，参照该冷菜应有的标准和操作规范对学生作品进行综合评价，并将分值填入表 2-11-2 中。

表 2-11-2　教师参照标准评价表

指标 / 分值 / 姓名	制作速度	标准数量	色泽	质感	口味	刀工	造型	合计
	20	10	10	10	10	20	20	

问题讨论

1. 老南瓜和鲜奶的品质体现了鲜奶南瓜冻的风味特色，如何选择老南瓜和鲜奶？

探究途径：(1) 收集有关老南瓜的知识；(2) 实地考察（如菜场、超市等）；(3) 小组讨论与交流。

2. 南瓜琼脂液和鲜奶琼脂液是鲜奶南瓜冻造型的关键，除了加工成条状以外，还可以加工成其他什么形状?

3．除了老南瓜和鲜奶以外,还可选用哪些原料制作类似的冷菜?

以上问题可以通过列表分析的方法对各个关键点进行分析和探讨,如表2-11-3所示。

表2-11-3　关键点分析表

菜品名称	原料要求	原料加工形状	质地要求	制作步骤	装盘效果

知识链接　冷菜的烹调方法——冻

1．冻的概念

冻,即用原料本身的胶质或另加猪肉皮、琼脂、鱼胶等原料经加热,使其充分溶解,再经冷凝结形成冷菜的一种方法。

冻法多适用于以猪肘、鸡子、鸭子及鱼虾类等原料为主料制成的咸味菜品,或以蜜饯、果脯、干鲜水果为主料制成的甜味菜品。制冻的方法有蒸和煮两种,以蒸法为优。因为蒸的方法在加热过程中是利用蒸汽传导热,可以减少沸水的对流,从而使冷凝后的胶冻更澄清、更透明。因此,冻类菜品具有色彩美观、清澈透明、软韧爽口的特点。

2．冻的方法分类

根据凝胶种类的不同,在实际运用中,冻又有皮胶冻法、琼脂冻法和鱼胶冻法三类。

(1) 皮胶冻法,指将猪肉皮熬制成胶质液体,并将主料放入其中,使之冷凝成菜的方法。菜品如水晶虾仁、冻金钟鸡、冻羊糕、水晶肴肉等。

(2) 琼脂冻法,指将琼脂掺水煮或蒸溶后,浇在经过预熟的原料上,再冷却使其成菜的方法。菜品如西瓜糕、八宝冻鸡、鲜奶南瓜冻、椰汁木瓜冻等。

(3) 鱼胶冻法,指将鱼皮或鱼鳞、鱼胶粉按一定的比例掺水煮溶或蒸溶后,浇在经过预加热成熟的原料上,冷却后凝冻成菜的方法。用鱼皮或鱼鳞熬制鱼胶时,必须严格对其进行初加工,要通过搓揉、漂洗、焯水等方法去净黏液和污物,并适量运用葱、姜、料酒等去腥、增香的调料,以去除不良异味。用鱼胶粉来制冻时,其方法与制作琼脂冻相同。

3．冻的操作关键

(1) 无论用原料本身的胶质还是用肉皮、鱼胶、琼脂等调制的冻汁,均要掌握好浓度,使胶冻的老嫩符合成菜要求。一般情况下熬制皮冻，肉皮与水的比例应以 1∶4 为宜；制作琼脂冻时，脂冻与水的比例一般在 1∶10 左右，且要先用清水将琼脂泡软、洗净，再放入清水中煮化或蒸溶。

（2）根据原料性质选择合适的制冻方法和口味，在制作过程中不要接触酸性物质和蛋白酶丰富的原料（明胶对酸、酶很敏感）。

（3）重视制冻原料的初加工及主料的熟处理，做到去污、去腥、增香，以保证成菜质量。

（4）将调制的冻汁浇入主料时，要将冻汁浇满原料的间隙，以保证菜品成形美观。

（5）用盅碟成形的菜品，点缀料的色泽要鲜艳；胶汁不能太烫，要将其轻轻浇入盛器，否则影响造型。

启发教学案例

鲜奶南瓜冻是用鲜牛奶和老南瓜两种原料，借助琼脂的凝结作用制作而成的冷菜。除了鲜奶和老南瓜原料以外，还能用其他原料来制作。下面以果味地瓜冻和冻羊羔为例，介绍鱼胶冻法和皮胶冻法的制作。

案例 1　果味地瓜冻

1. 原料选用

地瓜 500 克、紫薯 500 克、水果丁 200 克、鱼冻 5 盒、白糖 200 克、橙汁 100 克、水 150 克、盐 2 克。

2. 工艺流程

地瓜切丁蒸熟→熬制鱼胶冻液→放入地瓜丁→冷凝成冻→改刀装盘

3. 制作步骤

第一步：将地瓜、紫薯洗净去皮，改刀成丁，分别入笼蒸熟备用。

第二步：在托盘内铺一层保鲜膜，放入地瓜丁、紫薯丁、水果丁；将鱼冻加入所有调料熬至白糖化开，倒入方盘内，晾凉后放入冰箱冷藏 30 分钟，取出改刀成条装盘即可。

4. 制作要领

（1）地瓜、紫薯一定要分开蒸，否则紫薯蒸出的汁会使地瓜上色。

（2）将地瓜、紫薯蒸至刚熟即可，不要过火，太软烂则会影响成形及口感。

（3）方盘放入冰箱后要冷藏，不要冷冻，否则口感太硬。

（4）此菜中用到的鱼冻是成品，每盒约重 100 克。成品鱼冻相比鱼胶粉的优点是：口感更爽滑，无鱼腥味，使用方便，蒸化即可，可用于各种冻的制作。

5. 菜品特点

以粗粮和水果做冻,菜品口味酸甜、清爽滑润、色泽靓丽。

案例2 冻羊糕

1. 原料选用

带皮羊腿肉2500克(10份量)、羊蹄2个(250克)、胡萝卜300克、葱150克、姜50克、料酒100克、甜面酱30克、辣椒酱15克、蒜苗35克。

2. 工艺流程

羊肉焯水→小火煮烂→压制成糕→改刀装盘→调制味碟

3. 制作步骤

第一步:将羊肉、羊蹄、生姜、葱、胡萝卜、蒜苗分别用清水洗净。

第二步:将羊肉斩成10厘米见方的大块,用刀将羊蹄剖开;将葱打结、姜拍松、20克蒜苗切成3厘米的长段、15克蒜苗切成细丝;将胡萝卜切成10厘米的滚料块。

第三步:锅中放清水5000克,放入羊肉、羊蹄烧沸煮3分钟,然后焯水取出洗净;另取一锅放入清水3000克、羊肉块、羊蹄、姜块、葱结、胡萝卜块、料酒,烧开后撇去浮沫,盖上锅盖,用小火焖2小时,待羊肉酥烂时将其捞出。

第四步:将熟羊肉放入方瓷盘内,整理平整,浇上原汁,上面放一方形瓷盘后加重物压制12小时(夏季可将羊糕再放入冰箱中冻2小时)。

第五步:取250克羊糕,改刀成对角宽2厘米、对角长6厘米、厚2厘米的菱形厚片,并将其在8寸圆盘中拼装成花朵形(如切片装盘,切长5厘米、厚0.5厘米),用蒜苗丝点缀。分别放甜面酱、辣椒酱、蒜段三个调味碟佐食。装盘效果如图2-11-3所示。

图2-11-3

4. 制作要领

(1) 羊肉焯水要透,采用冷水锅焯水的方法,否则有膻味。

(2) 煮熟的羊肉要去掉碎骨并趁热压紧,否则会松散。

(3) 羊糕切刀成形装盘时块形要大小一致,以保证装盘美观。

(4) 要将压好的羊糕放冰箱冷制2小时,这样改刀时不松散。

5. 菜品特点

菜品口味咸鲜、羊肉酥烂、汤冻鲜美,食用时佐以酱品和蒜苗,风味独特。

任务十二 制作烟熏鱼条

◆任务介绍

根据青鱼的质感特点，采用熏的冷菜制作方法，用葱、姜、蒜腌制入味，然后采用烟熏的方法成菜。冷菜成品呈棕红色、质地酥软、咸鲜略甜、味带烟香。制作时将青鱼切条状后再腌渍入味，然后将鱼条放入油锅炸制成浅黄色，烧制入味，最后再熏制成菜，并运用堆的装盘手法完成造型。冷菜造型美观、形态饱满、色泽搭配醒目，体现出烟熏的风味特色。

◆任务目标

* 熟知烟熏鱼条的造型设计、原料选购及用量、菜品制作、装盘、保鲜的工作过程
* 掌握烟熏鱼条的原料加工方法及冷菜制作的实践操作规范和方法
* 根据风味单盘的造型原则与要求完成烟熏鱼条冷菜的装盘，掌握其方法与操作关键
* 掌握烟熏类风味单盘制作的工艺流程
* 根据风味单盘制作要求举一反三，学会类似冷菜的制作方法
* 学会独立或合作完成烟熏鱼条冷菜制作的工作任务

◆重点与难点

* 烟熏鱼条冷菜原料的选择与质量控制
* 鱼条的加工方法
* 烟熏鱼条的味型调制
* 制作烟熏鱼条的操作要求与规范
* 烟熏鱼条的装盘份量控制
* 烟熏鱼条的造型要求
* 举一反三，学会并掌握类似冷菜的制作方法
* 独立或合作完成烟熏鱼条冷菜制作的工作任务

任务分析

制作烟熏鱼条分造型设计、原料选购及用量、菜品制作、装盘与保鲜五个步骤，具体分析如下：

1. 造型设计

选用长盘或异形片盘，自然堆放成面包形，盘边用绿色的蒜苗丝和黄色的生姜丝稍作点缀；也可选用套盘，依然保持自然堆落形，在盘子的另一端用新鲜果蔬稍作点缀，增添整体效果。

2. 原料选购及用量

（1）原料选购

青鱼质量的好坏直接影响到菜品质量，要想选到安全卫生的青鱼原料，重点应该把握以下几个关键点：一看形体。受污染严重的鱼的形态不整齐、头大尾小、椎弯曲甚至畸形。二看眼睛。有毒的鱼眼睛浑浊、无光泽，有的甚至向外鼓出。三看外观。有的鱼鳞部分脱落、鱼皮发黄、尾部灰青，有的肌肉呈绿色，有的鱼肚膨胀，这是铬污染或鱼塘大量使用碳酸铵化肥所致。四看鱼腮。腮是鱼的呼吸器官，相当于人的肺，大量的毒物就可能蓄积在这里。有毒的鱼腮不光滑、较粗糙、呈暗红色。五闻气味。正常的鱼有水产特有的腥味，被污染的鱼则气味异常。被不同有毒物质污染的鱼有不同的气味。如煤油味是被酚类污染的，大蒜味是被三硝基甲苯污染的，苦杏仁味是被硝基苯污染的，氨水味、农药味是被氨盐类、农药污染的。不能选购有上述特征的青鱼，应该选购呈灰青色、形体均匀、鳞片完整、无异味的鲜活青鱼。

（2）原料用量

净青鱼肉 500 克、整姜葱 20 克、姜米 10 克、蒜泥 10 克、葱花 20 克、精盐 5 克、白糖 10 克、料酒 20 克、糖色适量、八角 2 粒、胡椒粉 1 克、味精 1 克、鲜汤 250 克、松柏枝（茶叶、大米）适量。原料组合如图 2-12-1 所示。

图 2-12-1

3. 菜品制作

（1）烹调工艺流程

将鱼切条→腌制码味→炸制上色→卤汁入味→熏制增香→晾凉装盘

（2）制作步骤

第一步：将青鱼肉切成长 8 厘米、宽约 1 厘米的条。将姜、葱拍松待用。

第二步：将姜、葱、精盐、料酒与鱼条拌匀静置约15～20分钟，如图2-12-2所示。

第三步：炒锅上火，放油烧至七成热时，放入鱼条炸至表面呈浅黄色、表面紧皮时捞出备用。

第四步：锅上火，放适量油烧至三成热时，放入姜米、蒜泥、葱花炒出香味，加入鲜汤、鱼条、精盐、胡椒粉、味精、白糖、料酒、糖色、八角进行调味、调色，用小火加热至汁浓、鱼条回软入味时起锅。

图2-12-2

图2-12-3

第五步：将鱼条放入熏锅中以柏枝作熏料微熏。晾凉后装盘成菜。装盘效果如图2-12-3所示。

制作要领：

（1）应将腌渍入味的鱼条用高油温炸制，否则鱼条会变得质地干硬、老韧。

（2）调味时以突出鱼的本身鲜味为主，其他如香料、烟熏仅作辅助增香。

4．装盘

烟熏鱼条采用堆的手法装盘，要求堆放成面包形或自然堆落形，形态饱满，将香菜叶和生姜丝放在顶端，突出香菜叶和生姜丝的颜色，也起到点缀和衬托的作用。除了堆的方法以外，还可用套盘的方法造型，即先将鱼条放在一个异形小盘内，再将该异形小盘放在一个大盘的一头，在大盘的另一头放一些新鲜果蔬进行点缀即可。

5．保鲜

在鱼条上均匀地刷上芝麻油，然后用保鲜膜封好。刷油时要使用干净的排笔，一次蘸油量要少，可在碗边将多余的油轻轻抹去，由上而下轻轻刷匀。用保鲜膜密封时，将保鲜膜拉直，整齐撕下，注意动作要轻盈快速，不能破坏整体造型。

任务实施

1．示范

用多媒体讲解任务流程、操作示范；成品展示、复述要领。学生品尝，集中讨论。

2. 下达“冷菜制作工作任务计划书”

工作任务计划书内容及要求如下：

（1）参照烟熏鱼条的任务分析，分解工作任务，如菜品装盘图案设计、青鱼的采购、菜品的制作、装盘及保鲜等。

（2）按烟熏鱼条制作步骤进行制作，注意青鱼的加工方法、烟熏方法及操作关键等。

（3）烟熏鱼条制作以个人制作为主，原料选购可采取合作的方式。

（4）“原料选购”一栏要写明青鱼的色泽、形状、鳞片、气味等特征。应能够事先了解市场行情，并对拟购买的原料进行估价。

3. 学生制作（个人练习）

（1）原料、制作方法同“示范”。

（2）练习要求：要掌握青鱼的原料选择和刀工成形方法；注意掌握炸制和熏制的时间，保持鱼条呈棕红色、质地酥软、咸鲜略甜、味带烟香；装盘时的堆放要整齐有序、形态饱满。

任务评价

1. 自我评价

该评价主体是学生，由学生参照该菜品应有的评定标准对其制作的冷菜成品进行自我评价，参照表 2-12-1 的内容执行并将训练情况如实地填入表内。

表 2-12-1　制作“烟熏鱼条”自我评价表

主要工艺环节	操作规范执行情况	存在问题	解决思路与方法
造型设计			
原料选购			
菜品制作			
装盘			
保鲜			

2. 教师评价

任课教师或指导教师在学生自我评价的基础上，参照该冷菜应有的标准和操作规范对学生作品进行综合评价，并将分值填入表 2-12-2 中。

表 2-12-2 教师参照标准评价表

指标 / 分值 / 姓名	制作速度	标准数量	色泽	质感	口味	刀工	造型	合计
	20	10	10	10	10	20	20	

问题讨论

1. 青鱼和熏料的品质体现了烟熏鱼条的风味特色，如何选择青鱼和熏料？

探究途径：(1) 收集有关青鱼和熏料的知识；(2) 实地考察（如菜场、超市等）；(3) 小组讨论与交流。

2. 青鱼的刀工成形也是烟熏鱼条造型的关键，除了将青鱼加工成条状以外，还可以加工成其他什么形状？

3. 除了青鱼以外，还可选用哪些原料制作类似的冷菜？

以上问题可以通过列表分析的方法对各个关键点进行分析和探讨，如表 2-12-3 所示。

表 2-12-3 关键点分析表

菜品名称	原料	加工形状	质地要求	制作步骤	调味	装盘方法

知识链接 冷菜的烹调方法——熏

1. 熏的概念

熏，即将经过加工处理后的半成品原料放入熏锅中，利用熏料经加热起烟熏制成菜的一种烹调方法。

原料的加工处理指将生料腌渍入味或经蒸、煮、炸等熟处理，熏制时，利用熏料封闭加热后不完全燃烧而炭化生烟的原理，使之吸附在原料表面，以增加菜品烟香味和色泽。常用的熏料有茶叶、竹叶、大米、锅巴、柏枝、食糖等。

熏制菜品选料广泛，禽、鱼、肉、蛋、豆制品均可。可将原料整形熏制，也可切成条、块状熏制。熏制菜品的特点是色泽美观、光亮红黄、烟香浓郁、风味独特。

2. 熏的方法分类

在实际应用中，熏分为生熏和熟熏两种。生熏指将经过腌制入味的生料，经熏制后直接食用或熏制后再经热处理制成菜品的方法。熟熏指将原料腌制入味并加热成熟后，再熏制以增加菜品烟香和色泽的方法。

3. 熏的操作关键

（1）熏制原料前要将其晾干或用干净布吸干表面的水分，否则将难上色或上色不均。

（2）熏制前最好先在熏架上铺放一层葱或药芹，再摆放原料，既能增加菜品的香气，又能缓和熏烟中有害物质对人体健康的影响。

（3）应根据原料的多少确定熏料的用量，目的是使熏料的用量降到最低，减少致癌物质的产生。熏料通常是数种同时使用，也可只单用一种。例如，江西熏兔肉、东北熏肉只用白糖作熏料。

（4）在熏制过程中，要保持恒温和密闭，以防熏烟走失，并严格控制火候和掌握熏制时间，烧至冒青烟时要及时转入小火并迅速离开火源，否则色泽过重并会使主料带有糊味。

（5）熏好的原料取出时应将其水份擦干，并在表面刷涂一层食用油，以保持菜品的油润和增香。

4. 说明

烟熏制品在我国一些地区是一种风味特色，因此，烟熏法的使用很广泛。但烟熏在燃料的过程中产生的多环芳烃类物质和原料中的油脂在高温下热解产生的苯并[a]芘，具有强烈的致癌作用。所以，从食品安全的角度来说，应少用烟熏法。使用烟熏制作的菜品，应注意配上一些含维生素 A 或含胡萝卜素较高的辅料，以降低有害物质对人体的危害。这是因为维生素 A 可以保护消化道粘膜，并抑制苯并[a]芘对消化道粘膜的致癌作用。

启发教学案例

烟熏鱼条是用青鱼为原料制作而成的冷菜，除了青鱼以外，还能用其他原料来制作。下面以烟熏豆腐为例，介绍其制作方法。

烟熏豆腐

1. 原料选用

老豆腐500克、虾仁50克、鸡脯肉50克、肥膘30克、葱花15克、葱段150克、精盐3克、味精2克、花椒盐2克、料酒3克、大米100克、白糖50克、茶叶15克。

2. 工艺流程

豆腐搨成泥→调制鸡虾蓉→蓉泥混合→笼蒸成熟→油炸上色→烟熏增香

3. 制作步骤

第一步:将豆腐碾成泥状,将虾仁、鸡脯、肥膘肉斩成茸,加盐、料酒搅拌上劲。

第二步:在豆腐泥中加入葱花、花椒盐、鸡虾蓉、味精搅拌均匀。

第三步:在不锈钢方盘内涂抹一层色拉油,然后将豆腐泥平摊在上面,上笼蒸透后取出,凉后切成长方形厚片。

第四步:将豆腐放入七成热左右的油锅中炸至表面呈金黄色时捞出。

第五步:熏锅中撒入茶叶(经水泡制后挤去水分)、白糖、米饭锅巴(碎粒),放上铁丝网托,铺上一层葱段,平放上豆腐片,加盖熏制约10分钟,然后将豆腐翻身,再熏制约5分钟后取出,抹上一层芝麻油即成。装盘效果如图2-12-4所示。

图 2-12-4

4. 制作要领

(1) 调制鸡虾蓉及豆腐泥时调味要准确,不能太咸或太淡。

(2) 油炸豆腐片时需掌握好上色的程度,应考虑到烟熏时豆腐色泽还会加重,要保证菜品成品色泽美观。

(3) 在熏制时,要严格控制火候和掌握熏制的时间。

5. 菜品特点

豆腐色泽诱人、味带烟香,口感咸鲜细嫩。

项目三 简易冷拼制作

1. 项目介绍

简易冷拼是指将两种及两种以上的冷菜原料用简单的料形、简单的拼摆技法，以简单的图案构图形式组合拼摆在一个盘内。典型的简易冷拼品种有双色拼盘、三色拼盘、四色拼盘、五色拼盘、六色拼盘、什锦拼盘等。简易冷拼制作是中式烹调师初级、中级考核中的必考项目。简易冷拼主要运用于便餐、点心及宴席中的卤水拼盘。

简易冷拼的特色体现为不同原料、不同色彩、不同口味之间的组合搭配。除了掌握制作单盘时所需要的刀工技法和拼摆手法外，制作简易冷拼还要掌握比较复杂的拼摆技巧、硬面和软面的结合、色彩搭配及营养组配的方式、方法。各客拼盘是近年来高档宴席冷拼中出现的一种新形式，属分餐制。所谓各客，就是每人一个规格一样的冷菜，以量少质精为特色，比其他冷拼更讲究精心设计。本项目选用几个简易冷拼作为教学典型，使学生通过学习进一步提高冷菜拼摆技能、冷拼造型设计能力和制作技巧，为今后更好地适应冷菜制作岗位工作奠定基础。

2. 项目目标

* 熟知简易冷拼的造型设计、垫底方法、原料形状加工与刀面拼摆、点缀的工作过程
* 掌握简易冷拼的实践操作规范和方法
* 根据简易冷拼的造型原则与要求完成拼摆，掌握其方法与操作关键
* 掌握简易冷拼制作的工艺流程
* 根据简易冷拼的制作要求，学会制作类似的其他拼盘

3. 重点和难点

* 冷拼原料的选择与加工
* 不同原料的形状修整方法
* 简易冷拼的造型设计拼摆与工艺流程
* 冷拼制作的实践操作规范和方法
* 料形修整、形状与尺寸的控制

任务一　制作双色拼盘

◆任务介绍

双色拼盘简称“双拼”或“对拼”，就是选用两种不同形状、不同口味、不同色彩、不同质地的冷菜原料，经过垫底、刀工修整形状、刀工成形、刀面组织与盖面等制作工序，采用多种刀工技法和排、堆、叠、围等造型手法，制作成造型美观、色彩分明、形态饱满、等分均衡的双拼图案，体现两种不同原料之间的完美组合。

◆任务目标

* 熟知双色拼盘的造型设计、原料选购及用量与原料形状加工、垫底、盖面和保鲜的工作过程
* 初步掌握双色拼盘的实践操作规范和方法
* 严格按照要求掌握双色拼盘的拼摆方法与操作要领
* 掌握双色拼盘的工艺流程
* 举一反三，学会类似冷拼的制作方法

◆重点与难点

* 双色拼盘的造型设计、原料形状加工、垫底与盖面
* 两个等分的把握
* 双色拼盘的拼摆方法与操作要领
* 双色拼盘的拼摆要求与操作规范

任务分析

制作双色拼盘分造型设计、原料选购及用量与原料形状加工、垫底、盖面和保鲜五个步骤，具体分析如下：

1. 造型设计

选用圆盘，将原料修成等腰梯形、切成片并拼摆成半圆形面，将刀面拼摆成两层或三层，保证刀面等份均衡、重心稳定、色彩分明、相得益彰；还可选用具有现代感的方盘，采用软硬面结合的方法，以环形片状太极图形堆放。除此以外，还可选用腰盘，以环状片形叠放，构成两个对称图案，具体拼摆方法与圆盘的拼摆方法相同。

2. 原料选购及用量与原料形状加工

（1）原料选购

制作双拼时，可选用蛋黄糕和莴笋作为原料，也可根据实际情况选用其他原料来代替，如用老南瓜、火腿肠或盐水方腿来代替蛋黄糕，用黄瓜、青萝卜来代替莴笋。在制作蛋黄糕时，一定要控制淀粉含量，不要加入太多的湿淀粉；在选择莴笋时，应选择质地脆嫩、颜色碧绿、表皮平滑、直线型的绿色原料。如果选用其他原料，要考虑两种原料的色彩对比度，不能选用同一种色调的原料。另外，还应考虑荤素搭配。

（2）原料用量

蛋黄糕 150 克、莴笋 150 克、精盐 3 克、芝麻油 3 克。

（3）原料形状加工

将蛋黄糕批去表皮、修成等腰梯形，为使环形扇面的边缘弧线圆滑，可把等腰梯形的两个底角修成小圆角，如图 3-1-1 所示。莴笋的原料形状加工方法与蛋黄糕的原料形状加工方法相同，将莴笋也修成等腰梯形，如图 3-1-2 所示。

图 3-1-1

图 3-1-2

3．垫底

双色拼盘一般选用 9 寸平盘。垫底的第一步是将一根莴笋丝放在圆盘内，将圆盘划分成两个等份。第二步是将莴笋修成三角形块状，斜面略带一点圆弧，并将其在圆盘内摆成半个馒头形的底，将莴笋的下脚料批成片，将底垫平封边，如图 3-1-3 所示。第三步是用同样的方法将蛋黄糕也垫成半个馒头形的底，如图 3-1-4 所示。

图 3-1-3

图 3-1-4

4．盖面

（1）普通式构图的盖面方法

选用荤素两种原料进行搭配，采用全部硬面拼摆或者软硬面相结合的方法，下面主要以全部硬拼摆面为例介绍其拼摆方法。

第一步将莴笋切成等腰梯形，再横切成厚薄均匀的片，并将其拼摆成第一层半圆形环面，随即用刀将半圆形环面铲起并盖在莴笋垫的底上，外边缘与盘边相吻合，直角边的边缘成一条直线，与盘子的中线平行，将刀面下端的两个角叠成直角，如图 3-1-5 所示。用同样的方法加工蛋黄糕，切成同样的形状，拼摆成同样的半圆形环面盖在蛋黄糕垫的底上，外边缘与盘边吻合，如图 3-1-6 所示。

图 3-1-5

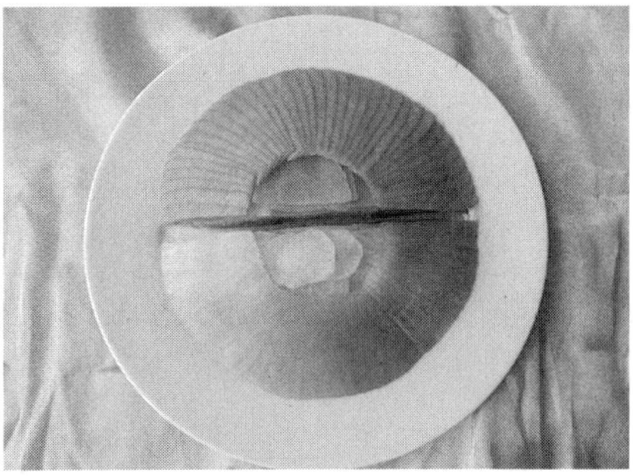
图 3-1-6

第二步将蛋黄糕修成小等腰梯形，并横切成厚薄均匀的片，摆成半圆形环状环面，盖在第一层蛋黄糕的刀面上，圆弧边缘线在第一层刀面到盘心距离的1/3处，直边的边缘与第一层平行，将刀面下端的两个角也同样叠成直角状。用同样的方法加工莴笋将其切摆成第二层刀面，如图3-1-7、图3-1-8所示。

图3-1-7

图3-1-8

第三步将蛋黄糕和莴笋分别修成等腰三角形，切成三角片，拼摆成半圆形刀面，使两个半圆形刀面的中心交于一点，两个边缘形成一条直线，盖于第二层刀面之上，三层刀面的外边缘形成三个同心圆，整体形成馒头形，如图3-1-9所示。

图3-1-9

盖面时要求片与片之间叠放整齐，刀距均匀；摆成的图案要求形态饱满、等份均衡、颜色对比鲜明。

软硬面结合的拼摆方法：第一层刀面的拼摆方法与全部硬面拼摆的方法基本相同，不同的是要将蛋黄糕和莴笋切摆成环状扇面。第二层刀面采用软盖面法，将蛋黄糕和莴笋分别切成丝，加入适量盐、味精、芝麻油腌制入味，将腌制后的蛋黄糕和莴笋挤去水分、拌制成冷菜，分别盖在第一层刀面的顶端，与第一层刀面持平、线条吻合。

（2）太极式构图的盖面方式

如果采用太极图格式进行构图，则要将两种冷菜原料交错摆放。即在蛋黄糕刀面上盖上莴笋丝，在莴笋刀面上盖上蛋黄糕丝，构成太极形，在顶端的两个半圆中心分别用红樱桃和绿樱桃进行点缀。用于顶端盖面的蛋黄糕丝和莴笋丝，必须刀工匀称、色彩和口味对比鲜明。

5. 保鲜

在小碗内加入比例为1∶1的凉开水和芝麻油，用干净的排笔蘸着水油混合液，沿着双色拼盘的线条由上而下（或由下而上）轻轻地抹刷。要注意一次蘸量不要过多，刷油时可在碗边将过量的油轻轻抹去，防止水油混合液过多流到盘子里影响视觉效果。

将水油混合液抹匀后，用保鲜膜将拼盘封好。用保鲜膜封住盘面时，将保鲜膜拉直，整齐撕下，注意动作要轻盈快速，不能破坏整体造型。

任务实施

1．示范

采用多媒体方式讲解工作任务，剖析操作步骤和操作要领，展示成品彩图。学生有序观摩，待制作完成后，有序进行品尝和拍照，形成初步的印象。

2．下达"工作任务计划书"

工作任务计划书的内容及要求如下：

（1）根据制作双色拼盘的任务分析，分解工作任务，如拼盘的造型设计、原料选购及用量、原料形状加工、垫底、盖面和保鲜等。

（2）按任务分析中的步骤制作双色拼盘，注意原料的加工方法。

（3）拼盘制作以个人制作为主，原料选购可采取合作的方式。

（4）"原料选购"一栏要写明原料的名称、色彩、形状等。应能够事先了解市场行情，并对拟购买的原料进行估价。

3．学生制作（个人练习）

（1）原料、制作方法同"示范"。

（2）练习要求：要掌握莴笋的选购、蛋黄糕的制作方法，以及冷菜的调味拌制方法、拼摆技巧、保鲜方法等。在制作冷拼时一定要保持莴笋脆嫩爽口；堆放时一定要整齐完美、形态饱满、顶端成仓顶形或馒头形。

任务评价

1．自我评价

该评价主体是学生，由学生参照该菜品应有的评定标准对其制作的冷菜成品进行自我评价，参照表 3-1-1 的内容执行并将训练情况如实地填入表内。

表 3-1-1　双色拼盘制作自我评价表

主要工艺环节	操作规范执行情况	存在问题	解决思路与方法
造型设计			
原料选购			
原料形状加工			
垫底			
盖面			
保鲜			

2. 教师评价

任课教师或指导教师在学生自我评价的基础上，参照该拼盘应有的标准和操作规范对学生作品进行综合评价，并将分值填入表 3-1-2 中。

表 3-1-2　教师参照标准评价表

项目 分值 姓名	熟练程度	原料利用	刀工刀法	料形修整	色彩搭配	抽缝情况	叠角情况	整体效果	卫生	合计
	10	10	15	10	15	10	10	10	10	

问题讨论

1. 蛋黄糕制作时应注意哪些问题？
2. 制作双色拼盘时，刀工成形与拼摆的关键是什么？
3. 制作双色拼盘的技术关键点有哪些？
4. 根据需要创新设计一款双色拼盘。
5. 根据双色拼盘的制作过程，写出实训技术分析报告。

以上问题可以通过列表分析的方法对各个关键点进行分析和探讨，如表 3-1-3 所示。

表 3-1-3　关键点分析表

原料名称	色彩搭配	原料加工的形状	拼摆方法	抽缝叠角	装盘效果

知识链接——冷拼原料选购成本的控制

在不同冷拼造型的原料制备方案中，冷拼原料选购的成本控制极为重要。冷菜制作的岗位厨师要学会原料成本控制的方法。首先，要了解市场上原料的供应情况，熟知在哪儿能买到所需的原料。其次，确定所需原料的品种与数量。要根据所制作的冷拼确定所需原料的品种与数量。品种和数量可多一些，以便在实际制作中有临时发挥的余地。但不宜过多，同时要保管好多余的原料，以免造成浪费。初学者可多选一些蔬果原料或其他成本较低的替代原料进行基本功练习，以节省原料成本。此外，要了解原料的价格，在选购原料前进行估价。可以经常到市场上去了解、掌握原料的市场价格，做到货比三家、节省成本，从而提高自身的厨房经营管理能力。

启发教学案例

根据上述双色拼盘制作的方法和要领，通过领悟和习得，设计并完成另一款相类似的双色拼盘的制作案例。

提示：从冷拼原料选购成本的控制方法中得到启示，选择一些物美价廉的冷菜原料来制作双色拼盘。根据两种不同冷菜原料的特点，充分利用原料的色泽、形状、刀面、造型、拼摆层次、整体效果等来设计冷拼，注意突出主料、色彩对比、硬面与软面相结合、刀工、刀法和拼摆手法。

任务二 制作三色拼盘

◆任务介绍

三色拼盘简称“三拼”,就是选用三种不同形状、不同口味、不同色彩、不同质地的冷菜原料,经过垫底、刀工修整形状、刀工成形、刀面组织与盖面等制作工序,采用多种刀工技法和排、堆、叠、围等造型手法,制作成造型美观、色彩分明、形态饱满、等分均衡的三拼图案,体现三种不同原料之间的完美组合。

◆任务目标

* 熟知三色拼盘的造型设计、原料选购及用量与原料形状加工、垫底、盖面和保鲜的工作过程
* 初步掌握三色拼盘的实践操作规范和方法
* 严格按照要求掌握三色拼盘的拼摆方法与操作要领
* 掌握三色拼盘的工艺流程
* 举一反三,学会类似冷拼的制作方法

◆重点与难点

1. 三色拼盘的造型设计、原料形状加工、垫底与盖面
2. 三个等分的把握
3. 三色拼盘的拼摆方法与操作要领
4. 三色拼盘的拼摆要求与操作规范

任务分析

制作三色拼盘分造型设计、原料选购及用量与原料形状加工、垫底、盖面和保鲜五个步骤，具体分析如下：

1．造型设计

选用圆盘，常见的有抽缝叠角和三色排拼两种拼法，将原料修成等腰梯形，切成片后拼摆成120°角的环形扇面堆放，将刀面拼摆成两层或三层，刀面等份均衡、重心稳定、色彩分明、相得益彰。除此以外，还可选用腰盘，采用软硬面结合的方法，以桥梁形堆放，构成轴对称图案，中间采用硬刀面拼摆，两侧采用软刀面摆放，同样进行三等份划分，整体构成桥梁形，构成轴对称图案。

2．原料选购及用量与原料形状加工

（1）原料选购

制作三拼时，可选用蛋黄糕、火腿肠和莴笋作为主要原料，也可根据实际情况选用其他相关原料来代替，如用老南瓜、心里美萝卜或胡萝卜来代替蛋黄糕；用黄瓜、青萝卜来代替莴笋。制作蛋黄糕时，一定要控制淀粉含量，不要加入太多的湿淀粉；在选择莴笋时，应选择质地脆嫩、颜色碧绿、表皮平滑、直线型的绿色原料；要选择含淀粉少的优质火腿肠。另外还可选用西红柿和黄瓜作为装饰原料，原料组合如图3-2-1所示。如果选用其他原料，也要考虑三种原料色彩的对比与调和，不能选用同一种色调的原料。另外，还应考虑荤素的搭配。

（2）原料用量

蛋黄糕100克、莴笋100克、火腿肠100克、精盐3克、芝麻油3克。

（3）原料形状加工

将蛋黄糕批去表皮，修成等腰梯形。为使环形扇面的边缘弧线圆滑，可把等腰梯形的两个底角修成小圆角，如图3-2-2所示。莴笋和火腿肠的原料形状加工方法与蛋黄糕的原料形状加工方法相同，将莴笋和火腿肠也修成等腰梯形，如图3-2-3、图3-2-4所示。

图3-2-1

图3-2-2

图 3-2-3

图 3-2-4

3．垫底

三色拼盘一般选用 9 寸平盘。垫底的第一步是利用三根莴笋丝将圆盘划分成三等份。第二步将蛋黄糕修成三角形块状，斜面略带一点圆弧，在圆盘内摆成 120°角的扇形底，将蛋黄糕的余料批成片，将底垫平封边。然后用同样的方法，将莴笋和火腿肠也分别垫成 120°角的扇形底。三个扇形的垫底组合起来构成一个馒头形，中间抽出三条缝，边上叠成六个直角，中心呈圆孔状，如图 3-2-5 所示。

4．盖面

（1）圆盘抽缝叠角构图的盖面方法

第一步将莴笋修成等腰梯形，切成厚薄均匀的片，拼摆成第一层 120°角扇形环状刀面，随即用刀将扇形环状刀面铲起，盖在莴笋垫的底上，外边缘与盘边相吻合，直边的边缘成 120°角的扇形，与垫好的底边平行，刀面下端的两个角叠成直角，如图 3-2-6 所示。

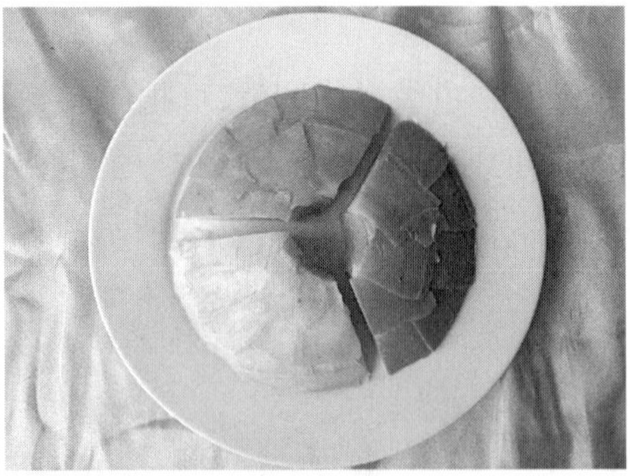

图 3-2-5

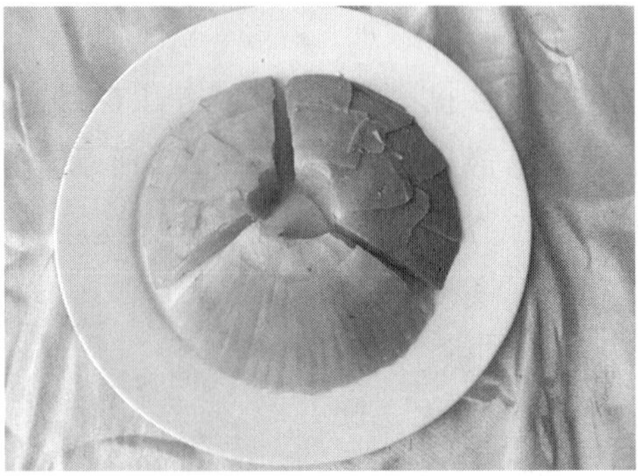

图 3-2-6

用同样的方法加工火腿肠和蛋黄糕，将其切成同样的形状，拼摆成同样的 120°角的扇形环面，分别盖在火腿肠和蛋黄糕垫好的底上，外边缘与盘边吻合，如图 3-2-7、图 3-2-8 所示。

图 3-2-7

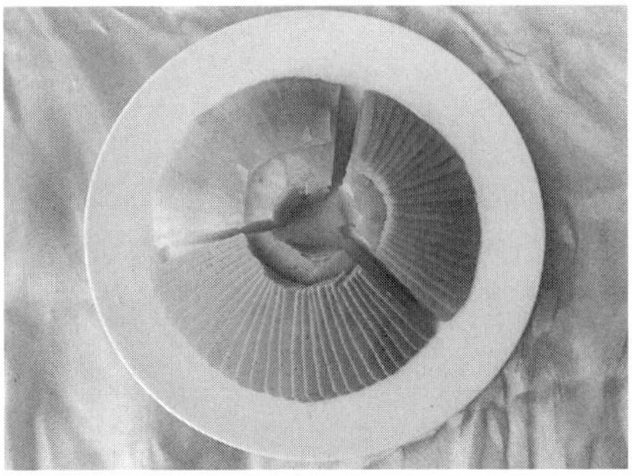

图 3-2-8

第二步将莴笋切成片，用其将第一层刀面顶端垫平，然后将莴笋修成小等腰梯形，并切成厚薄均匀的片，同样摆成 120°角的扇形环面，盖在第一层莴笋的刀面上。圆弧边缘线在第一层刀面到盘心距离的 1/2 处，直边的边缘与第一层刀面平行，两个角也同样叠成直角状，如图 3-2-9 所示。用同样的方法将火腿肠和蛋黄糕切摆成第二层刀面，所有直边的边缘形成一条直线，每两条边线之间形成一条缝，所有刀面的下角都叠成直角；两层刀面的外边缘形成两个同心圆，整体呈馒头形，使三个扇面的中间形成一个空心圆孔，如图 3-2-10、图 3-2-11所示。

图 3-2-9

图 3-2-10

第三步削下西红柿的表皮，将西红柿肉切成圆片，放在中间的圆孔中垫底，与三个扇面的高度保持一致，然后将西红柿表皮卷成一朵月季花状放在圆孔上，并在月季花周围用黄瓜做成花叶状进行点缀，如图 3-2-12 所示。

盖面时要求片与片之间叠放整齐、刀距均匀，摆成的图案要求形态饱满、等份均衡、对比鲜明。

图 3-2-11

图 3-2-12

（2）圆盘三色排拼构图的盖面方法

第一步将原料切成细丝，经过腌制码味、挤水拌制成冷菜以后，在盘子中垫成馒头形的底。

第二步将馒头形的底平均分成三份，每份之间不抽缝。

第三步将三种不同颜色的原料分别切成梯形薄片，拼摆成三个一样大小的扇形刀面，每个扇面首尾相连，盖在垫好的底上。而后沿用第三步的方法再拼一层刀面，放在第一层刀面之上。三个扇面之间不需要抽成缝隙，也不需要叠成直角，只是通过不同颜色在视觉上形成三等份。

（3）腰盘桥梁式构图的盖面方法

第一步将莴笋切成长方形片，在腰盘中间垫成"一"字形底，中间隆起成圆弧状。然后将莴笋修成长方块，切成长方形片，平行排列成"一"字形刀面，宽度与底一样，长度与弧面一样，排列整齐以后，用刀将莴笋刀面铲起放在莴笋垫的底上。

第二步分别将蛋黄糕和火腿肠切成丝状，用适量盐、味精、芝麻油腌制入味，拌制成冷菜。将拌制好的冷菜在莴笋刀面的两侧分别堆放成半个馒头形，与莴笋刀面一样高、线条吻合。对于用于盖软面的蛋黄糕丝和火腿肠丝，要求刀工匀称，色彩、口味对比鲜明。

5. 保鲜

在小碗内加入比例为 1∶1 的冷开水和芝麻油，用干净的排笔蘸着水油混合液，沿着三色拼盘的线条由上而下（或由下而上）轻轻地抹刷。要注意一次蘸量不要过多，刷油时可在碗边将过量的油轻轻抹去，防止水油混合液过多流到盘子里影响视觉效果。

将水油混合液抹匀后用保鲜膜将拼盘封好，保鲜膜封住盘面时，将保鲜膜拉直，整齐撕下，注意动作要轻盈快速，不能破坏整体造型。

任务实施

1. 示范

采用多媒体方式讲解工作任务，剖析操作步骤和操作要领，展示成品彩图。学生有序观摩，待制作完成后，有序进行品尝和拍照，形成初步的印象。

2. 下达“工作任务计划书”

工作任务计划书的内容及要求如下：

(1) 根据制作三色拼盘的任务分析，分解工作任务，如拼盘的造型设计、原料选购及用量与原料形状加工、垫底、盖面和保鲜等。

(2) 按任务分析中三色拼盘的步骤制作，注意原料的加工方法。

(3) 三色拼盘制作以个人制作为主，原料选购可采取合作的方式。

(4) “原料选购”一栏要写明原料的名称、色彩、形状等。应能够事先了解市场行情，并对拟购买的原料进行估价。

3. 学生制作(个人练习)

(1) 原料、制作方法同“示范”。

(2) 练习要求：要掌握莴笋和火腿肠的选购方法、蛋黄糕的制作方法，以及冷菜的调味拌制方法、拼摆技巧、保鲜方法等。在制作冷拼时一定要保持莴笋脆嫩爽口；堆放时一定要整齐完美、形态饱满、顶端成馒头形，并使用西红柿和黄瓜进行点缀。

任务评价

1. 自我评价

该评价主体是学生，由学生参照该菜品应有的评定标准对其制作的冷菜成品进行自我评价，参照表 3-2-1 的内容执行并将训练情况如实地填入表内。

表 3-2-1　三色拼盘制作自我评价表

主要工艺环节	操作规范执行情况	存在问题	解决思路与方法
造型设计			
原料选购			
原料形状加工			
垫底			
盖面			
保鲜			

2. 教师评价

任课教师或指导教师在学生自我评价的基础上，参照该拼盘应有的标准和操作规范对学生作品进行综合评价，并将分值填入表 3-2-2 中。

表 3-2-2 教师参照标准评价表

项目 / 分值 / 姓名	熟练程度	原料利用	刀工刀法	料形修整	色彩搭配	抽缝情况	叠角情况	整体效果	卫生	合计
	10	10	15	10	15	10	10	10	10	

问题讨论

1. 选购火腿肠时应注意哪些问题？
2. 制作三色拼盘时，刀工成形与拼摆的关键是什么？
3. 根据需要创新设计一款三色拼盘。
4. 根据三色拼盘制作过程，写出实验报告。

以上问题可以通过列表分析的方法对各个关键点进行分析和探讨，如表 3-2-3 所示。

表 3-2-3 关键点分析表

原料名称	色彩搭配	原料加工的形状	拼摆方法	抽缝叠角	装盘效果

知识链接——冷菜的拼摆步骤

冷菜的拼摆有其内部规律，无论是什锦拼盘还是简易拼盘，其拼摆步骤和手法基本相同，一般都遵循以下的规律：

1. 垫底

在拼摆之前，将一些边角料或碎料加工成一定的形状，垫在盘子底下，形成一定的图案轮廓。垫底的时候一般先垫整体的形状，为后面进一步的盖面奠定基础。如果有把握的话，也可以直接选料拼摆。一般情况下需要按照构思的内容提前设计，或先画好图案后再选料拼摆。

2. 盖面

第一步：选料与加工。经过构思设计确定好图案以后，进行原料选择。选料时需要根据所构思的图案要求，从质地、颜色和刀工处理后的形状等方面进行综合考虑，对于用哪些原料最合适、哪些部位需要雕刻、哪些原料用来盖面、用什么原料来垫底，以及用哪些原料适宜于拼摆哪些部位等，都必须做到心中有数，只有这样才能进行合理的选料。此外，在选料时也应该统筹考虑到适用的盛器。

第二步：拼摆成形。即按照所设计的图案，将选好的原料进行适当的加工处理，在盘内拼摆成形。具体操作可分为以下阶段：

（1）拼摆基本轮廓。首先用一些可塑性强的原料在盘内进行拼摆，表达出形象轮廓的基本形态。这是完成冷菜图像的基础，也是勾勒拼摆粗线条的阶段，轮廓的质量直接影响到拼摆的效果。

（2）组装成形。把不同颜色的原料加工成形，按照图案形象要求将各个分部位拼摆成一个完整的整体。具体手法有两种：一种是先在砧板上按照部位排列好，再将刀面整齐地放在盘内码好的轮廓上；另一种是把加工好的原料拼贴在盘内轮廓上，具体手法的选择要根据制作者的习惯和技术的熟练程度而定。

3. 点缀

图案拼摆成形以后，还要根据需要进行恰当的点缀。点缀是指在拼摆成形的盘子中的空隙处或其他适当的位置添加一些装饰品，起到画龙点睛的作用，以求主题图案的完美，但并不是所有的冷菜都需要点缀。

启发教学案例

根据上述三色拼盘的制作方法和要领，通过领悟和习得，设计并完成另一款相类似三色拼盘的制作案例。

提示:从冷拼原料选购成本的控制方法中得到启示,选择一些物美价廉的冷菜原料来制作三色拼盘。根据三种不同冷菜原料的特点,充分利用原料的色泽、形状、刀面、造型、拼摆层次、整体效果等来设计冷拼,注意突出主料、色彩对比与调和、硬面与软面相结合、刀工、刀法和拼摆手法等。

任务三　制作四色拼盘

◆任务介绍

四色拼盘简称“四拼”，就是选用四种不同形状、不同口味、不同色彩、不同质地的冷菜原料，经过垫底、刀工修整形状、刀工成形、刀面组织与盖面等制作工序，采用多种刀工技法和排、堆、叠、围等造型手法，制作成造型美观、色彩分明、形态饱满、等分均衡的四拼图案，体现四种不同原料之间的完美组合。

◆任务目标

* 熟知四色拼盘的造型设计、原料选购及用量与原料形状加工、垫底、盖面和保鲜的工作过程。
* 掌握四色拼盘的实践操作规范和方法
* 严格按照要求掌握四色拼盘的拼摆方法与操作要领
* 掌握四色拼盘的工艺流程
* 举一反三，学会类似冷拼的制作方法

◆重点与难点

* 四色拼盘的造型设计、原料形状加工、垫底与盖面
* 四个等分的把握
* 四色拼盘的拼摆方法与操作要领
* 四色拼盘的拼摆要求与操作规范

任务分析

制作四色拼盘分造型设计、原料选购及用量与原料形状加工、垫底、盖面和保鲜五个步骤，具体分析如下：

1. 造型设计

选用方盘，常见的有方形构图和菱形构图两种方法。方形构图是将原料修成长方形，切成片，堆放成正方形的底，将刀面拼摆成一层平面，保证刀面等份均衡、重心稳定、色彩分明、两两对称、相得益彰，如图 3-3-1 所示。除此以外，还可在方盘内采用菱形构图，将原料修成长方形或平行四边形，切成片，堆放成菱形的底，刀面也采用长方片或平行四边形的片进行拼摆，拼摆成一层刀面，然后将刀面裁成与底一样的菱形面盖在垫好的底上，用同样的方法再拼摆三个同样大小的菱形。从整体上看，四个小菱形又组成了一个大菱形，四个小菱形之间等份均衡、色彩分明、两两对称、重心稳定、相得益彰，如图 3-3-2所示。

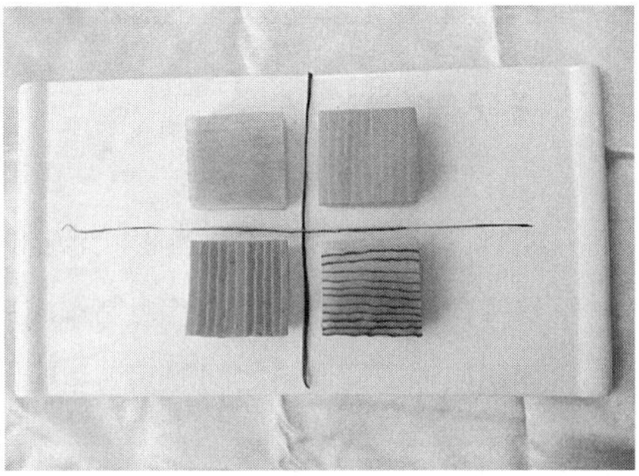

图 3-3-1

练习的时候也可根据实际情况对原料进行调整，但要注意色彩的对比性和图案的对称法，如图 3-3-3 所示。生产应用的时候还要注意荤素搭配，保证口味的多样性。

图 3-3-2

图 3-3-3

2. 原料选购及用量与原料形状加工

(1) 原料选购

制作四拼时，可选择火腿肠、盐味胡萝卜、青萝卜和黄瓜为主要原料，也可根据实际情况选用其他原料来代替。但选用原料时一定要注意色彩的搭配，比如可选用青椒、莴笋这两种颜色相近的原料，再比如可选用胡萝卜、火腿肠、心里美萝卜等颜色相近的原料，这样构图时才能做到对比与调和。另外，还应考虑荤素搭配，拼摆完成以后可用胡萝卜和荷兰芹作为装饰原料。

（2）原料用量

火腿肠 100 克、盐味胡萝卜 100 克、黄瓜 100 克、青萝卜 100 克、精盐 3 克、味精 2 克、芝麻油 3 克。

（3）原料形状加工

将火腿肠批去表皮，修成长方形，如图 3-3-4 所示。为使刀面的边缘成直线，在修料形的时候一定要直刀切下、刀面不能斜。胡萝卜、黄瓜和青萝卜的原料形状加工方法与火腿肠的原料形状加工方法相同，如图 3-3-5 至图 3-3-7 所示。

图 3-3-4

图 3-3-5

图 3-3-6

图 3-3-7

3. 垫底

（1）方形四色拼盘的垫底方法

方形四色拼盘一般选用 9 寸方盘。在正式垫底之前，利用两根莴笋丝将 9 寸方盘划分成四等份，两根莴笋丝相互垂直，如图 3-3-8 所示。

图 3-3-8

然后先将盐味胡萝卜修成长方形块状，再改刀成小块或批成片，一块接一块排列成一个正方体作为垫底，用盐味胡萝卜的碎片将底垫平封边。一层叠完以后再叠第二层，如此反复进行，一直叠到 1 厘米高，注意表面要叠成平面、四个角都呈直角。然后用刀尖将垫好的底轻轻铲起放在盘内的等分线内，中间两个直角边与等分线之间留有一定的距离，两边与等分线平行，如图 3-3-9 所示。

用同样的方法将青萝卜、火腿肠和黄瓜垫底，中间抽出两条直缝，边上均叠成直角，如图3-3-10至图 3-3-12 所示。

图 3-3-9

图 3-3-10

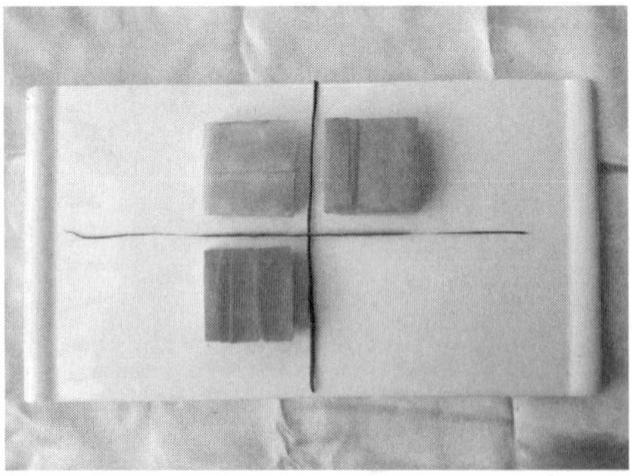

图 3-3-11

图 3-3-12

（2）菱形四色拼盘的垫底方法

图 3-3-13

菱形四色拼盘一般也选用9 寸方形或菱形的平盘，在正式垫底之前，将两根黄瓜丝放在9 寸盘内，沿着盘子的对角线将方盘划分成四等份，形成四个夹角，如图 3-3-13 所示。

然后先将盐味胡萝卜修成平行四边形的块状，再改刀成小块或批成片，一块接一块排列成一个菱形作为垫底，用盐味胡萝卜的碎片将底垫平封边。一层叠完以后再叠第二层，如此反复进行，一直叠到 1 厘米高，注意表面要叠成平面、直角边要垂直和整齐。然后用刀尖将垫好的底轻轻铲起放在盘内等分线内，中间两个边与等分线之间留有一定的距离，两边与等分线平行，夹角与等分线的角相吻合，如图 3-3-14所示。

用同样的方法将火腿肠、黄瓜和青萝卜垫底，中间抽出两条直缝，边上叠成一定的角度，两两对称，中心点在盘心，如图 3-3-15 至图 3-3-17 所示。

图 3-3-14

图 3-3-15

图 3-3-16

图 3-3-17

4. 盖面

（1）方形四色拼盘的盖面方法

将盐味胡萝卜修成长方体形状，然后用直刀法将其切成厚薄均匀的片，再将片拼摆成平行的平面刀面，用刀刃将刀面边缘裁齐成正方形；也可以一边切一边摆，注意刀距均匀、厚薄一致，面的大小、夹角、边缘要与垫好的胡萝卜底完全一样，最后用刀尖将刀面轻轻铲起盖在垫好的胡萝卜底上，外边缘与底的四边相吻合，直边的边缘成一条直线，与垫好的底边平行，刀面下端的四个角叠成直角，如图 3-3-18 所示。

用同样的方法将青萝卜、火腿肠、黄瓜切成片，拼摆成同样的刀面，分别盖在青萝卜、火腿肠和黄瓜垫好的底上，外边缘与底的四周高度吻合，如图 3-3-19 至图 3-3-21 所示。

图 3-3-18

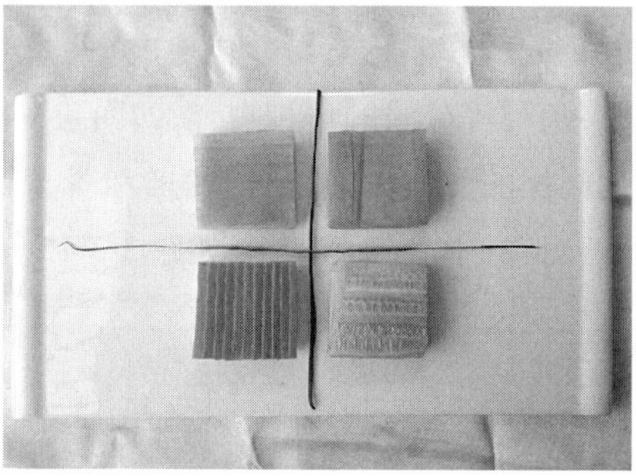

图 3-3-19

图 3-3-20

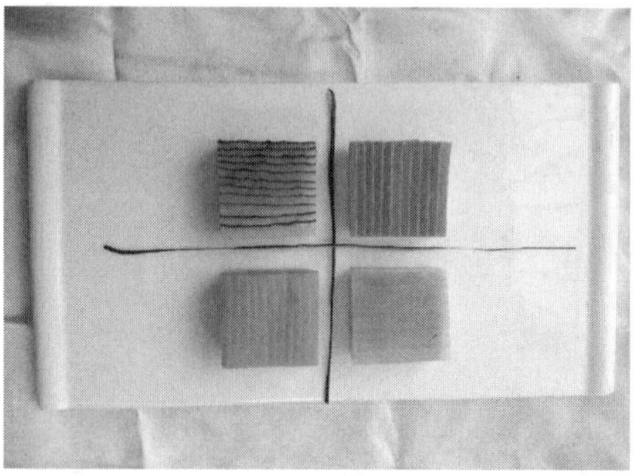

图 3-3-21

（2）菱形四色拼盘的盖面方法

将盐味胡萝卜修成平行四边形，然后用直刀法将其切成厚薄均匀的片，再将片拼摆成菱形刀面，用刀刃将刀面边缘裁齐成菱形；也可以一边切一边摆，注意刀距均匀，厚薄一致，面的大小、夹角、边缘要与垫好的胡萝卜底完全吻合，最后用刀尖将刀面轻轻铲起盖在垫好的胡萝卜底上，刀面的外边缘与底的四边相吻合，直边的边缘成一条直线，与垫好的底边平行，刀面下端的四个角与等分线的角吻合，如图 3-3-22 所示。

用同样的方法将黄瓜、青萝卜和火腿肠切成片，拼摆成同样的刀面，分别盖在黄瓜、青萝卜和火腿肠垫好的底上，外边缘与底的四边高度吻合，如图 3-3-23 至图 3-3-25 所示。

图 3-3-22

图 3-3-23

图 3-3-24

图 3-3-25

5．保鲜

在小碗内加入比例为 1∶1 的冷开水和芝麻油，用干净的排笔蘸着水油混合液，沿着四色拼盘的线条由左到右（或从右到左）轻轻地抹刷。要注意一次蘸油量不要过多，刷油时可在碗边将过量的油轻轻抹去，防止水油混合液过多流到盘子里影响视觉效果。

将水油混合液抹匀后用保鲜膜将冷拼封好，用保鲜膜封住盘面时，将保鲜膜拉直，整齐撕下，注意动作要轻盈快速，不能破坏整体造型。

任务实施

1．示范

采用多媒体方式讲解工作任务，剖析操作步骤和操作要领，展示成品彩图。学生有序观摩，待制作完成后，有序进行鉴赏和拍照，把关键的步骤记录下来，形成初步的印象。

2. 下达“工作任务计划书”

工作任务计划书的内容及要求如下：

（1）根据制作四色拼盘的任务分析，分解工作任务，如拼盘的造型设计、原料选购、原料形状加工、垫底、盖面和保鲜等。

（2）按任务分析中的步骤制作四色拼盘，注意原料的加工方法。

（3）拼盘制作以个人制作为主，原料选购可采取合作的方式。

（4）“原料选购”一栏要写明原料的名称、色彩、形状等。应能够事先了解市场行情，并对拟购买的原料进行估价。

3. 学生制作（个人练习）

（1）原料、制作方法同“示范”。

（2）练习要求：要掌握四拼原料的选购方法，掌握垫底的方法与技巧，掌握盖面技巧、保鲜方法等。在制作冷拼时一定要保持原料的新鲜度；堆放时一定要整齐完美、形态饱满、顶端成正方形或菱形，并使用新鲜的果蔬类原料进行点缀。

任务评价

1. 自我评价

该评价主体是学生，由学生参照该菜品应有的评定标准对其制作的冷菜成品进行自我评价，参照表 3-3-1 的内容执行并将训练情况如实地填入表内。

表 3-3-1　四色拼盘制作自我评价表

主要工艺环节	操作规范执行情况	存在问题	解决思路与方法
造型设计			
原料选购			
原料形状加工			
垫底			
盖面			
保鲜			

2. 教师评价

任课教师或指导教师在学生自我评价的基础上，参照该拼盘应有的标准和操作规范对学生作品进行综合评价，并将分值填入表 3-2-2 中。

表 3-3-2　教师参照标准评价表

项目/分值/姓名	熟练程度	原料利用	刀工刀法	料形修整	色彩搭配	抽缝情况	叠角情况	整体效果	卫生	合计
	10	10	15	10	15	10	10	10	10	

问题讨论

1. 制作四色拼盘时，刀工成形与拼摆的关键是什么？
2. 制作四色拼盘的技术关键点有哪些？
3. 根据需要创新设计一款四色拼盘。
4. 根据四色拼盘的制作过程，写出实验报告。

对以上问题可以通过列表分析的方法对各个关键点进行分析和探讨，如表 3-3-3 所示。

表 3-3-3　关键点分析表

原料名称	色彩搭配	原料加工的形状	拼摆方法	抽缝叠角	装盘效果

启发教学案例

根据上述四色拼盘制作的方法和要领，通过领悟和习得，设计并完成另一款相类似四色拼盘的制作案例。

提示：从四色拼盘的原料选购入手，选择一些物美价廉的冷菜原料来制作拼盘。根据四种不同冷菜原料的特点，充分利用原料的色泽、形状、刀面、造型、拼摆层次、整体效果等来设计冷拼，注意突出主料、色彩对比与调和、刀面处理、刀工、刀法和拼摆手法等。

任务四 制作六色拼盘

◆任务介绍

六色拼盘简称“六拼”，就是选用六种不同形状、不同口味、不同色彩、不同质地的冷菜原料，经过垫底、修整形状、刀工切片、刀面组织与盖面等制作工序，采用多种刀工技法和排、堆、叠、围等造型手法，制作成造型美观、色彩分明、形态饱满、等分均衡的六拼图案，体现六种不同原料之间的完美组合。

◆任务目标

* 熟知六色拼盘的造型设计、原料选购及用量与原料形状加工、垫底、盖面和保鲜的工作过程
* 掌握六色拼盘的实践操作规范和方法
* 严格按照要求掌握六色拼盘的拼摆方法与操作要领
* 掌握六色拼盘的工艺流程
* 举一反三，学会类似冷拼的制作方法

◆重点与难点

* 六色拼盘的造型设计、原料形状加工、垫底与盖面
* 六个等分的划分
* 六色拼盘的拼摆方法与操作要领
* 六色拼盘的拼摆要求与操作规范

任务分析

制作六色拼盘分造型设计、原料选购及用量与原料形状加工、垫底、盖面和保鲜五个步骤，具体分析如下：

1. 造型设计

选用圆盘，常见的有抽缝叠角和六色排拼两种拼法。将原料修成等腰梯形，切成片拼摆成60°角的环形扇面堆放，刀面拼摆成两层，等份均衡、重心稳定、色彩鲜明、相得益彰，如图3-4-1所示。除此以外，还可选用具有现代感的正方盘，采用硬面拼摆的方法，构成中心对称图案，每两个面之间采用抽缝形式，以防串味，每个角均叠成90°角，以体现刀工水平；整体实行两层设计，实行六等分划分，中间采用新鲜的果蔬进行装饰。整体来看，两层刀面的边缘构成三个同心圆，构成中心对称图案。

图3-4-1

2. 原料选购及用量与原料形状加工

（1）原料选购

制作六拼可选择蛋黄糕、火腿肠、大头菜、紫薯、黄瓜和莴笋为主要原料，也可根据实际情况选用其他相关原料来代替。用其他原料来代替时一定要考虑色彩的搭配，同时还应考虑荤素搭配。在制作蛋黄糕时，要控制好淀粉的用量，不要加入太多的湿淀粉，否则蛋黄糕会质地很硬、不容易成形。火腿肠也要选择含淀粉少的优质火腿肠。另外，还可选用西红柿等新鲜的果蔬原料来进行点缀。

（2）原料用量

蛋黄糕100克、紫薯100克、大头菜100克、火腿肠100克、黄瓜100克、莴笋100克、精盐3克、芝麻油3克。

（3）原料形状加工

将蛋黄糕批去表皮，修成等腰梯形。为使环形扇面的边缘弧线圆滑，可把等腰梯形的两个底角修成小圆角，如图3-4-2所示。

图3-4-2

用上述同样的方法将紫薯、大头菜、火腿肠、黄瓜和莴笋都修成等腰梯形,修去大头端的两个尖角,如图 3-4-3 至图 3-4-7 所示。加工好的原料组合如图 3-4-8 所示。

图 3-4-3

图 3-4-4

图 3-4-5

图 3-4-6

图 3-4-7

图 3-4-8

3. 垫底

六色拼盘一般选用 10 寸圆盘。在正式垫底之前,利用六根黄瓜丝,将圆盘划分成六等份,每等份之间形成 60°角。

然后将大头菜修成三角块,斜面略带一点圆弧,在圆盘内摆成 60°角的扇形,再将三角块改刀成小块或批成片，一块接一块排列成一个三角形作为垫底，用火腿肠的碎片将底垫平封边。一层叠完以后再叠第二层，如此反复进行，一直叠到中间 3 厘米高，边缘与盘边吻合，如图 3-4-9 所示。注意扇面要叠成斜坡面，中间高，四周低，外围两个角都垫成直角，两个直角边与等分线之间留有一定的距离，两边与等分线平行。

用同样的方法对其他原料进行加工、处理，将紫薯、黄瓜、蛋黄糕、莴笋和火腿肠修成三角块，垫成扇形底，每两个面中间抽出一条直缝，每个边上叠成两个直角，六个扇形的垫底组合起来构成一个馒头形，中间留出一个圆孔，如图 3-4-10 至图 3-4-14 所示。

图 3-4-9

图 3-4-10

图 3-4-11

图 3-4-12

图 3-4-13

图 3-4-14

4. 盖面

(1) 第一层盖面方法

选用荤素六种原料进行搭配,全部采用硬面拼摆的方法。将大头菜修成等腰梯形,然后用直刀法将其切成厚薄均匀的片,再将片拼摆成扇形刀面(拼摆成第一层60°角的扇形环状刀面)。也可以一边切一边摆,注意刀距均匀、厚薄一致,面的大小、夹角、边缘要与垫好的大头菜完全一样,最后用刀尖将刀面轻轻铲起盖在垫好的蛋黄糕底上,外边缘与底的边缘相吻合,直边的边缘成一条直线,与垫好的底边吻合,刀面下端的两个角叠成直角,如图3-4-15所示。

用同样的方法对其他原料进行加工、处理,将紫薯、黄瓜、蛋黄糕、莴笋和火腿肠切成片,拼摆成同样的扇形刀面,分别盖在垫好的底上,外边缘与底的外边缘高度吻合,如图3-4-16至图3-4-20所示。

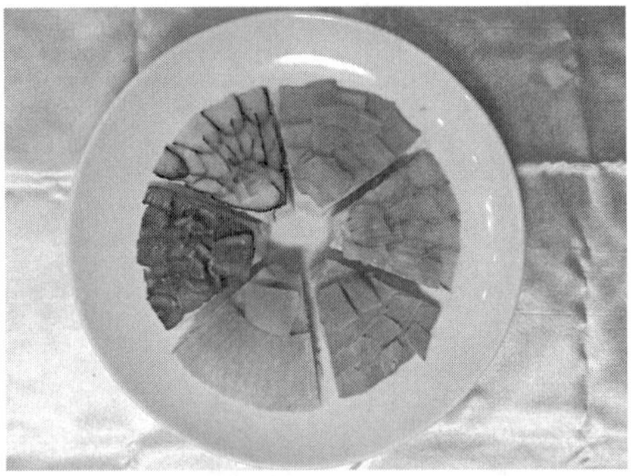
图3-4-15

图3-4-16

图3-4-17

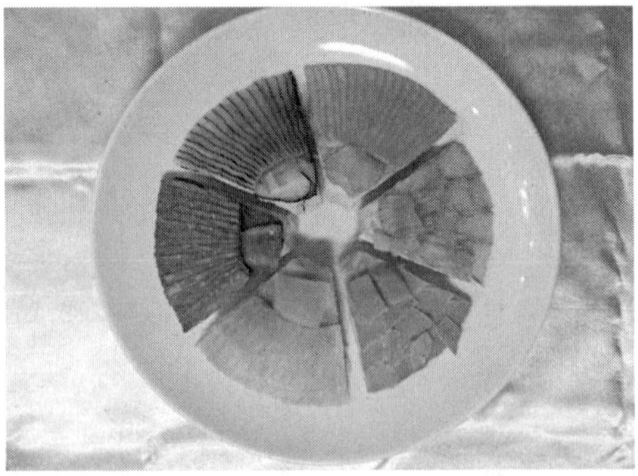
图3-4-18

图 3-4-19

图 3-4-20

（2）第二层盖面方法

盖第二层刀面之前，先将大头菜切成碎片，把第一层刀面上端沿着坡度的方向垫平。然后将大头菜修成小等腰梯形，切成厚薄均匀的片，同样摆成 60°角的扇形环面，盖在第一层大头菜刀面上，圆弧边缘线在第一层外边缘与盘心距离的 1/2 处，直边的边缘与第一层平行，两个角也同样叠成直角状，如图 3-4-21 所示。

将紫薯、黄瓜、蛋黄糕、莴笋和火腿肠，用同样的方法切摆成第二层刀面，所有直边的边缘形成一条直线，每两个扇面之间形成一条直缝，所有的下角都叠成直角。两层刀面的外边缘形成三个同心圆，整体形成馒头形，在三个扇面中间形成一个空心圆孔，如图3-4-22至图 3-4-26 所示。

图 3-4-21

图 3-4-22

图 3-4-23

图 3-4-24

图 3-4-25

图 3-4-26

最后削下西红柿表皮,将西红柿肉切成圆片,在中间的圆孔中垫底,与三个扇面的高度保持一致。再将西红柿表皮卷成一朵月季花状放在圆孔上,并在月季花周围用荷兰芹进行点缀。

盖面时要求切片厚薄均匀、大小一致,片与片之间叠放整齐,外边与内边缘按照同样的比例进行缩放,要求刀距均匀、刀面平整、线条分明,摆成的图案要求形态饱满、等份均衡、对比鲜明。

5. 保鲜

在小碗内加入比例为 1∶1 的冷开水和芝麻油,用干净的排笔蘸着水油混合液,沿着六色拼盘的线条由上而下(或由下而上)轻轻地抹刷。要注意一次蘸量不要过多,刷油时可在碗边将过量的油轻轻抹去,防止水油混合液过多流到盘子里影响视觉效果。

将水油混合液抹匀后用保鲜膜将拼盘封好,保鲜膜封住盘面时,将保鲜膜拉直,整齐撕下,注意动作要轻盈快速,不能破坏整体造型。

任务实施

1. 示范

采用多媒体方式讲解工作任务,剖析操作步骤和操作要领,展示成品彩图。学生有序观摩,待制作完成后,有序进行品尝和拍照,形成初步的印象。

2. 下达“工作任务计划书”

工作任务计划书的内容及要求如下:

(1) 根据制作六色拼盘的任务分析,分解工作任务,如拼盘的造型设计、原料选购、原料加工、垫底、盖面和保鲜等。

(2) 按任务分析中的步骤六色拼盘,注意原料的加工方法。

(3) 拼盘制作以个人制作为主,原料选购可采取合作的方式。

(4)“原料选购”一栏要写明原料的名称、色彩、形状等。应能够事先了解市场行情,并对拟购买的原料进行估价。

3．学生制作（个人练习）

（1）原料、制作方法同“示范”。

（2）练习要求：要掌握六拼原料的选购方法、掌握垫底的方法与技巧，掌握盖面技巧、保鲜方法等。在制作冷拼时一定要保持原料的新鲜度；堆放时一定要整齐而美、形态饱满、顶端成馒头形，两层刀面的边缘形成三个同心圆，每两个刀面之间形成一条夹缝，刀面的外边缘所有的角都叠成直角，冷拼顶端形成一个圆孔，可使用新鲜的果蔬类原料进行点缀。

任务评价

1．自我评价

该评价主体是学生，由学生参照该菜品应有的评定标准对其制作的冷菜成品进行自我评价，参照表3-4-1的内容执行并将训练情况如实地填入表内：

表3-4-1　六色拼盘制作自我评价表

主要工艺环节	操作规范执行情况	存在问题	解决思路与方法
造型设计			
原料选购			
原料形状加工			
垫底			
盖面			
保鲜			

2．教师评价

任课教师或指导教师在学生自我评价的基础上，参照该拼盘应有的标准和操作规范对学生作品进行综合评价，并将分值填入表3-4-2中。

表3-4-2　教师参照标准评价表

项目/分值/姓名	熟练程度	原料利用	刀工刀法	料形修整	色彩搭配	抽缝情况	叠角情况	整体效果	卫生	合计
分值	10	10	15	10	15	10	10	10	10	

问题讨论

1. 制作蛋黄糕时应注意哪些问题?
2. 制作六色拼盘时,刀工成形与拼摆的关键是什么?
3. 制作六色拼盘的技术关键点有哪些?
4. 根据需要创新设计一款六色拼盘。
5. 根据六色拼盘的制作过程,写出实验报告。

以上问题可以通过列表分析的方法对各个关键点进行分析和探讨,如表 3-4-3 所示。

表 3-4-3 关键点分析表

原料名称	色彩搭配	原料加工的形状	拼摆方法	抽缝叠角	装盘效果

启发教学案例

根据上述六色拼盘制作的方法和要领,通过领悟和习得,设计并完成另一款相类似六色拼盘的制作案例。

提示:从六色拼盘的原料选购入手,选择一些物美价廉的冷菜原料来制作六色拼盘。根据六种不同冷菜原料的特点,充分利用原料的色泽、形状、刀面、造型、拼摆层次、整体效果等来设计冷拼,注意突出主料、色彩对比与调和、刀面处理、刀工、刀法和拼摆手法等。

项目四 主题冷拼制作

1. 项目介绍

主题冷拼，又称花色拼盘、象形拼盘、图案拼盘。主题冷拼主要应用于高档宴席、美食展示等，通常放置在席面中央，周围摆放冷菜围碟。根据主题冷拼造型设计的原则和要求绘制冷拼造型图案，按照主题冷拼的拼摆步骤和制作手法完成拼摆造型。

主题冷拼需要突出宴会的主题，如“喜上梅梢”反映喜庆的主题，“双桃献寿”反映祝愿祈福的主题等。冷拼主题一般以植物造型、动物造型、风景造型、建筑造型等为题材，拼摆前首先将原料加工成需要的形状，然后采用切和摆的手法完成具体图案的拼摆造型。

本项目对主题冷拼的部分典型作品，按照由简到繁、由易到难的顺序进行编排，使学生通过对主题冷拼的学习，掌握拼摆技能，提高冷拼设计能力和审美能力，并全面提高冷菜岗位工作能力。

2. 项目目标

* 根据宴会主题进行主题冷拼的设计与分析
* 初步掌握主题冷拼的造型设计、原料加工、冷拼构图的实践操作规范和方法
* 根据主题冷拼的制作原则与要求绘制冷拼造型图案，并完成拼摆
* 掌握主题冷拼的拼摆方法和操作关键
* 掌握主题冷拼的制作步骤和工艺流程
* 通过分析构图要素，初步掌握主题冷拼的设计方法和制作技巧
* 独立或合作完成主题冷拼制作的一般岗位工作任务

3. 重点和难点

* 根据宴会主题进行主题冷拼的设计与分析
* 主题冷拼的造型设计、原料加工、冷拼构图的实践操作规范和方法
* 主题冷拼的图案布局和造型拼摆
* 通过分析构图要素，初步掌握主题冷拼的设计方法和制作技巧
* 形成良好的职业习惯和职业能力，能胜任冷菜岗位的工作
* 形成冷拼欣赏与审美能力

任务一　制作“春艳”拼盘

◆任务介绍

根据“春艳”的含义和意境进行设计，以翠竹、鲜花、土丘等为设计主题要素，选用不同形状、不同口味、不同色彩、不同质地、符合造型要求的冷菜原料，经过垫底、修整形状、刀工切片、刀面组织与盖面等制作工序，采用多种刀工技法和排、堆、叠、围等造型手法，制作成造型逼真、色彩分明、形态饱满、重心稳定的主题图案，体现“春艳”主题和各种原料之间的完美组合，做好保鲜和陈列工作。

◆任务目标

* 熟知“春艳”拼盘的图案设计、原料选购及用量、垫底、原料加工与盖面、衬托、保鲜的工作过程。
* 掌握制作“春艳”拼盘的实践操作规范和方法
* 严格按照要求掌握“春艳”的拼摆方法与操作要领
* 掌握“春艳”拼盘的工艺流程
* 举一反三，学会类似冷拼的制作方法

◆重点与难点

* “春艳”拼盘的图案设计、原料形状加工、垫底与盖面
* 掌握“春艳”拼盘的图案设计、原料选购及成品加工、冷拼制作、保管的实践操作规范和方法
* 掌握不同性质原料的加工方法
* “春艳”的拼摆方法与操作要领
* “春艳”的拼摆要求与操作规范

任务分析

制作“春艳”拼盘分图案设计、原料选购及用量、垫底、原料加工与盖面、衬托和保鲜六个步骤，具体分析如下：

1. 图案设计

选用圆盘，以开满鲜花的土丘、挺拔且苍劲有力的翠竹和一轮悬挂于白云之上的红日为设计主题，体现春天艳丽的景色，如图 4-1-10 所示。除圆盘之外，还可以采用方盘进行设计，以小山、鲜花和垂柳为设计主题，体现美好的春景。

2. 原料选购及用量

土豆泥 250 克、紫菜蛋卷 30 克、方腿 350 克、蛋黄糕 100 克、心里美萝卜 50 克、盐味胡萝卜 50 克、黄瓜 100 克、蜜汁南瓜 40 克、腌大头菜 30 克、糖水紫薯 30 克、蜜汁南瓜 3 克、西红柿 80 克、白萝卜 50 克、红樱桃 5 克、叉烧肉 30 克。

3. 垫底

将土豆泥在圆盘的下方约 1/3 处堆成中间高、四周低的小土丘形状，将黄瓜修剪成竹干、竹枝、竹叶形状，放在土豆泥垫好的土丘上作为“春艳”拼盘的垫底和初胚，如图 4-1-1 所示。

4. 原料加工与盖面

（1）将紫菜蛋卷、叉烧肉、蛋黄糕、心里美萝卜修成扁圆形，切成片盖在土豆泥的边缘，作为小土丘的延伸部分；将红樱桃修成半圆形作为太阳，将黄瓜丝做成白云的形状，放在太阳底下，如图 4-1-2 所示。

图 4-1-1

图 4-1-2

（2）分别将糖水紫薯、腌大头菜、蜜汁南瓜、黄瓜修成半圆形，切成片，摆成圆弧刀面，一个接着一个排放在土丘的边缘，形成第一层盖面，如图 4-1-3 所示。

图 4-1-3

（3）沿用上述方法，将心里美萝卜、蜜汁南瓜、腌大头菜、白萝卜、方腿分别修成半圆形，切片拼摆成圆弧扇面，依次盖上第二层刀面、第三层刀面，直至把土丘盖满为止，如图 4-1-4 至图 4-1-7所示。盖面时注意各种原料的色彩对比应协调，同时也要注意刀面的大小、疏密等变化情况。

图 4-1-4

图 4-1-5

图 4-1-6

图 4-1-7

5．衬托

（1）将白萝卜批成薄片，用盐水腌制 2 分钟，然后将腌制好的胡萝卜切成细丝卷在白萝卜中，形成萝卜卷，再用直刀将萝卜卷斜切成马蹄状，整齐地摆放在翠竹根部和土丘底部，形成大丽花形；将腌大头菜修成等腰梯形，切成薄片，卷成小喇叭花形，放在土丘底部，如图 4-1-8 所示。

（2）将西红柿皮完整地削成长条形，将长条形的西红柿皮从一头向另一头卷起，卷成月季花形，放在土丘底部；将叉烧肉切成花瓣形，拼摆成花卉形放在土丘底部，最后再将黄瓜皮做成花叶形放在花的底部进行衬托，如图 4-1-9、图 4-1-10 所示。

图 4-1-8

图 4-1-9

图 4-1-10

6. 保鲜

在小碗内加入比例为 1∶1 的冷开水和芝麻油，用干净的排笔蘸着水油混合液，沿着花色拼盘的线条由上而下（或由下而上）轻轻地抹刷。要注意一次蘸量不要过多，刷油时可在碗边将过量的油轻轻抹去，防止水油混合液过多流到盘子里影响视觉效果。

任务实施

1. 示范

采用多媒体方式讲解工作任务，剖析主题设计、拼摆步骤、拼摆要领，展示成品彩图。学生有序观摩，待制作完成后，有序进行拍照，形成初步的印象。

2. 下达“工作任务计划书”

工作任务计划书的内容及要求如下：

（1）根据制作“春艳”拼盘的任务分析，分解工作任务，如拼盘的图案设计、原料选购及用量、垫底、原料加工及盖面、衬托和保鲜等。

（2）按任务分析中的步骤制作“春艳”拼盘，注意原料的加工方法和拼摆技巧。

（3）拼盘制作以个人制作为主，原料选购可采取合作的方式。

（4）“原料选购”一栏要写明原料的名称、色彩、形状等。应能够事先了解市场行情，并对拟购买的原料进行估价。

3．学生制作（个人练习）

（1）原料、制作方法同“示范”。

（2）练习要求：要掌握“春艳”拼盘的主题设计和原料的选购，掌握垫底的方法与技巧，掌握盖面技巧，学会衬托元素的选择与运用及保鲜方法等。在制作冷拼时一定要保持原料的新鲜度；堆放时一定要整齐完美、形态饱满、造型逼真、色彩艳丽、对比协调。

任务评价

1．自我评价

该评价主体是学生，由学生参照该菜品应有的评定标准对其制作的冷菜成品进行自我评价，参照表 4-1-1 的内容执行并将训练情况如实地填入表内。

表 4-1-1　“春艳”拼盘制作自我评价表

主要工艺环节	操作规范执行情况	存在问题	解决思路与方法
图案设计			
原料选购			
垫底			
原料加工与盖面			
衬托			
保鲜			

2．教师评价

任课教师或指导教师在学生自我评价的基础上，参照该拼盘应有的标准和操作规范对学生作品进行综合评价，并将分值填入表 4-1-2 中。

表 4-1-2　教师参照标准评价表

项目 / 分值 / 姓名	主题设计	象形程度	熟练程度	原料利用	刀工刀法	刀面排列	色彩搭配	整体效果	卫生	合计
	10	10	15	10	15	10	10	10	10	

问题讨论

1. 制作“春艳”拼盘时应注意哪些问题?
2. 制作“春艳”拼盘时,刀工成形与拼摆的关键是什么?
3. 制作“春艳”拼盘的技术关键点有哪些?
4. 根据需要,创新设计一款“春艳”拼盘。
5. 根据“春艳”拼盘的制作过程,写出实验报告。

以上问题可以通过列表分析的方法对各个关键点进行分析和探讨,如表 4-1-3 所示。

表 4-1-3 关键点分析表

菜品名称	构图元素	原料色彩	加工形状	拼摆方法	装盘效果

启发教学案例

根据上述“春艳”拼盘制作的方法和要领,通过领悟和习得,设计并完成另一款相类似的拼盘制作案例。

提示:从花色拼盘的原料选购入手,选择一些物美价廉的冷菜原料来制作花色拼盘。充分利用原料的色泽、形状、刀面、造型、拼摆层次、整体效果等来设计拼盘,注意突出主料、色彩对比与调和、刀面处理、刀工、刀法和拼摆手法等。

任务二　制作“梅竹图”拼盘

◆任务介绍

根据“梅竹图”的含义和意境进行设计，以翠竹和梅花等为设计主题要素，选用不同形状、不同口味、不同色彩、不同质地、符合造型要求的冷菜原料，经过垫底、修整形状、刀工切片、刀面组织与盖面等制作工序，采用多种刀工技法和排、堆、叠、围等造型手法，制作成造型逼真、色彩分明、形态饱满、重心稳定的主题图案，体现“梅竹图”主题和各种原料之间的完美组合，做好保鲜和陈列工作。

◆任务目标

* 熟知“梅竹图”拼盘的图案设计、原料选购及用量、垫底、原料加工与盖面、衬托、保鲜的工作过程。
* 掌握制作“梅竹图”拼盘的实践操作规范和方法
* 严格按照要求掌握“梅竹图”的拼摆方法与操作要领
* 掌握“梅竹图”拼盘的工艺流程
* 举一反三，学会类似冷拼的制作方法

◆重点与难点

* “梅竹图”拼盘的图案设计、原料形状加工、垫底与盖面
* 掌握“梅竹图”图案设计、原料选购及成品加工、冷拼制作、保鲜的实践操作规范和方法
* 掌握不同性质原料的加工方法
* “梅竹图”的拼摆方法与操作要领
* “梅竹图”的拼摆要求与操作规范

任务分析

制作“梅竹图”拼盘分图案设计、原料选购及用量、垫底、原料加工与盖面、衬托和保鲜六个步骤,具体分析如下:

1. 图案设计

选用方盘,以艳丽的翠竹为主体物象,进行细笔勾勒,充分体现竹节和竹子的内在含义;以梅花为次体物象,进行简笔勾勒,让一枝梅花缠绕在翠竹上,体现梅花和翠竹有机融合的境界,给人一种和谐的画面之美,如图 4-2-10 所示。

2. 原料选购及用量

土豆泥 450 克、黄瓜 50 克、青萝卜 50 克、方腿 80 克、心里美萝卜 50 克、蜜汁南瓜 20 克、卤香菇 50 克、红樱桃 15 克、蛋黄糕 10 克。

3. 垫底

将土豆泥在方盘的中间堆成竹节形,在四周留有充分的空间让梅花舒展,整个垫底要求几何对称,靠竹节的地方略高,其他地方略低一些,形成完美的竹节垫底,如图 4-2-1 所示。

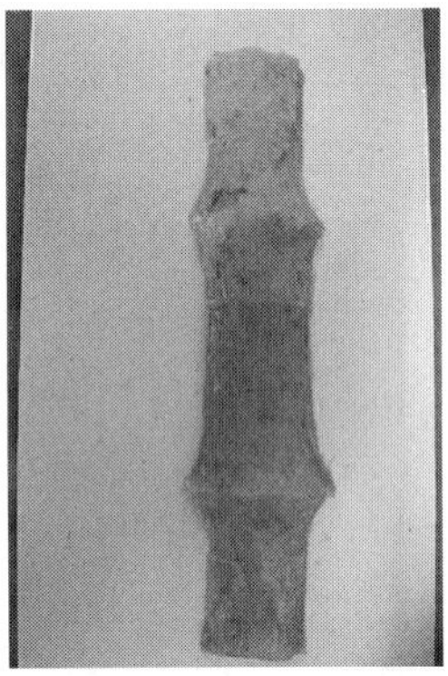

图 4-2-1

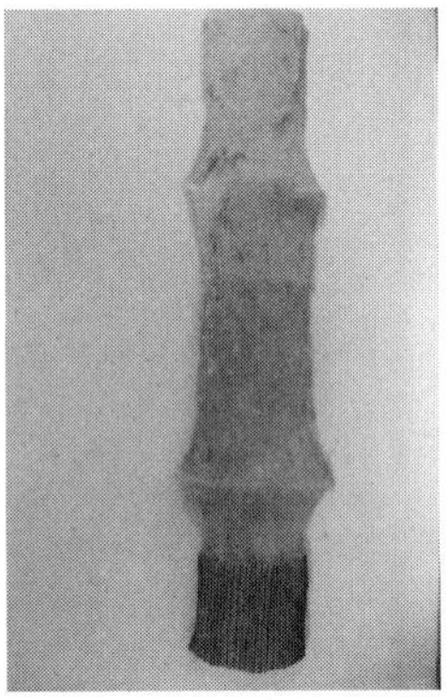

图 4-2-2

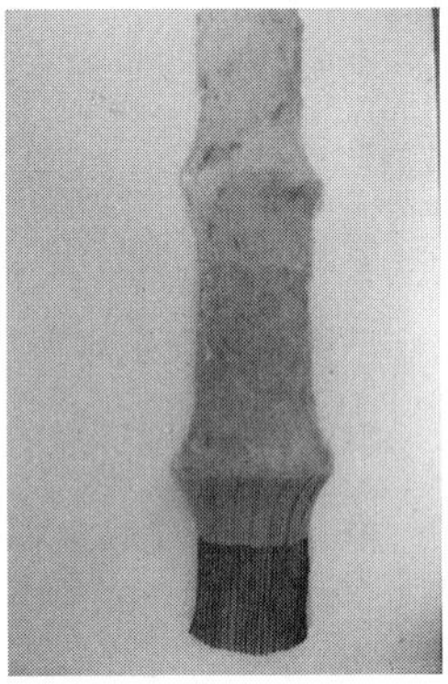

图 4-2-3

4. 原料加工与盖面

(1) 将黄瓜切成段,修成近似长方块,切成片,摆成整齐的刀面,将刀面的两个边缘裁成直线,覆盖在底端,作为第一层刀面,如图 4-2-2 所示。

(2) 沿用上述方法,将方腿修成长方块,切成片,整齐地拼摆成刀面,盖在“竹子”垫底上,紧接着再盖上黄瓜刀面,两个刀面之间衔接紧密,交于一条线,形成第二层盖面,如图 4-2-3 所示。

(3) 沿用上述方法,将方腿、心里美萝卜、青萝卜分别修成长方块,切片拼摆成刀面,依次盖上第三层、第四层、第五层、第六层、第七层刀面,如图 4-2-4 至图 4-2-8 所示。盖面时注意各种原料的色彩对比应协调,同时也要注意刀面的大小、疏密等变化情况。

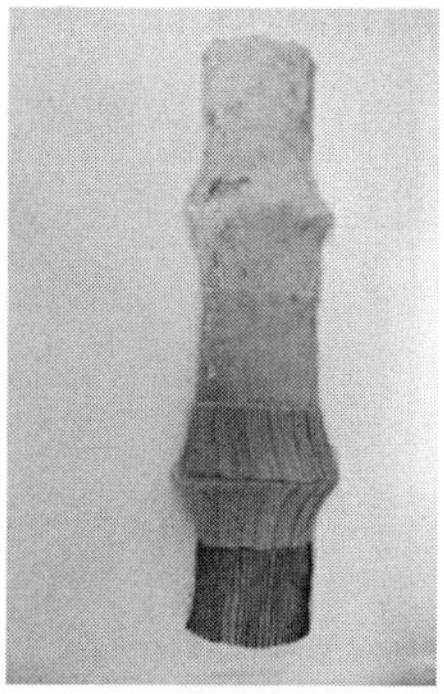

图 4-2-4

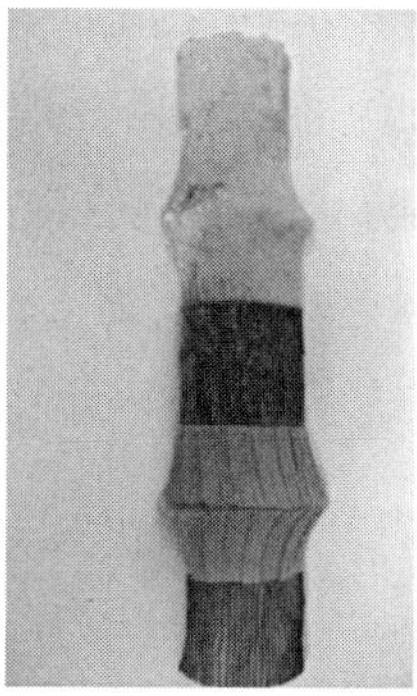

图 4-2-5

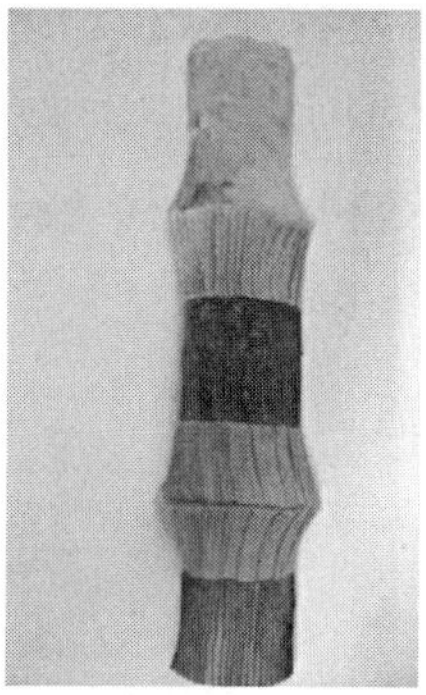

图 4-2-6

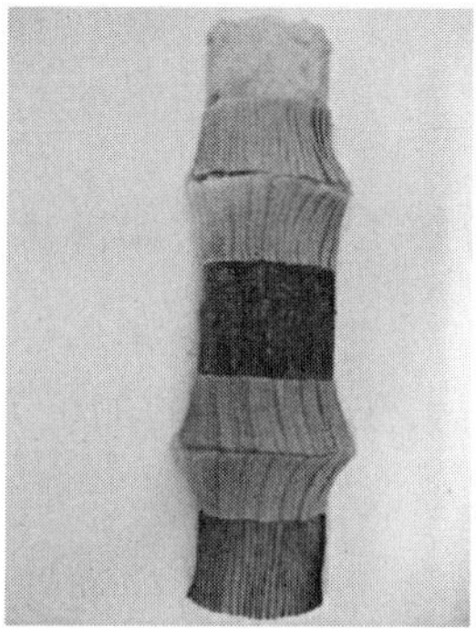

图 4-2-7

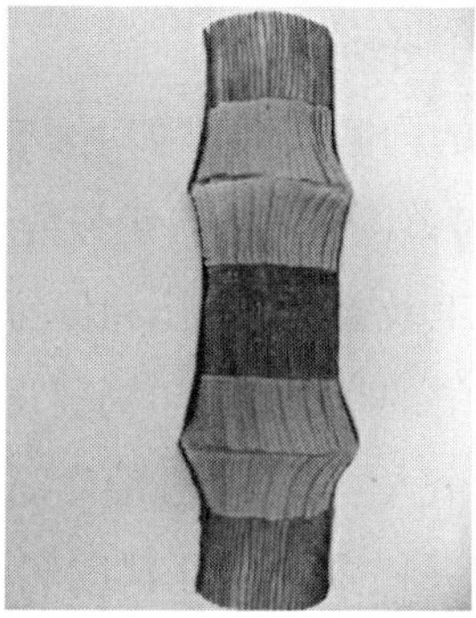

图 4-2-8

5. 衬托

(1) 将卤香菇去蒂,批成薄片,按照由粗到细的规律拼摆成梅花枝形,使梅花枝缠绕在翠竹之上,将红樱桃切成椭圆形薄片,拼摆成梅花形,并将蛋黄糕做成花蕊形,将黄瓜修成竹子边线和竹叶,装在竹子上,如图 4-2-9 所示。

(2) 将蜜汁南瓜先切成条,再横切成小方片,排叠成刀面,覆盖在竹节上,如图 4-2-10 所示。

图 4-2-9

图 4-2-10

6. 保鲜

在小碗内加入比例为1∶1的冷开水和芝麻油,用干净的排笔蘸着水油混合液,沿着"梅竹图"拼盘的线条由上而下(或由下而上)轻轻地抹刷。要注意一次蘸量不要过多,刷油时可在碗边将过量的油轻轻抹去,防止水油混合液过多流到盘子里影响视觉效果。

任务实施

1. 示范

采用多媒体方式讲解工作任务,剖析主题设计、拼摆步骤、拼摆要领,展示成品彩图。学生有序观摩,待制作完成后,有序进行拍照,形成初步的印象。

2. 下达"工作任务计划书"

工作任务计划书的内容及要求如下:

(1) 根据制作"梅竹图"拼盘的任务分析,分解工作任务,如拼盘的图案设计、原料选购及用量、垫底、原料加工及盖面、衬托和保鲜等。

(2) 按任务分析中的步骤制作"梅竹图"拼盘,注意原料的加工方法和拼摆技巧。

(3) 拼盘制作以个人制作为主,原料选购可采取合作的方式。

(4) "原料选购"一栏要写明原料的名称、色彩、形状等。应能够事先了解市场行情,并对拟购买的原料进行估价。

3. 学生制作(个人练习)

(1) 原料、制作方法同"示范"。

(2) 练习要求:要掌握"梅竹图"拼盘的主题设计和原料选购,掌握垫底的方法与技巧,掌握盖面技巧,学会衬托元素的选择与运用及保鲜方法等。在制作冷拼时一定要保持原料的新鲜度;堆放时一定要整齐完美、形态饱满、造型逼真、色彩艳丽、对比协调。

任务评价

1. 自我评价

该评价主体是学生,由学生参照该菜品应有的评定标准对其制作的冷菜成品进行自我评价,参照表4-2-1的内容执行并将训练情况如实地填入表内。

表 4-2-1　"梅竹图"拼盘制作自我评价表

主要工艺环节	操作规范执行情况	存在问题	解决思路与方法
图案设计			
原料选购			
垫底			
原料加工与盖面			
衬托			
保鲜			

2. 教师评价

任课教师或指导教师在学生自我评价的基础上,参照该拼盘应有的标准和操作规范对学生作品进行综合评价,并将分值填入表 4-2-2 中。

表 4-2-2　教师参照标准评价表

项目 分值 姓名	主题设计	象形程度	熟练程度	原料利用	刀工刀法	刀面排列	色彩搭配	整体效果	卫生	合计
	10	10	15	10	15	10	10	10	10	

问题讨论

1. 制作"翠竹图"时应注意哪些问题?
2. 制作"梅竹图"拼盘时,刀面拼摆的关键是什么?
3. 制作"梅竹图"拼盘有哪些技术关键点?
4. 根据需要,创新设计一款"梅竹图"拼盘。
5. 根据"梅竹图"拼盘的制作过程,写出实验报告。

以上问题可以通过列表分析的方法对各个关键点进行分析和探讨,如表 4-2-3 所示。

表4-2-3　关键点分析表

菜品名称	构图元素	原料色彩	加工形状	拼摆方法	装盘效果

启发教学案例

根据上述“梅竹图”拼盘制作的方法和要领，通过领悟和习得，设计并完成另一款相类似的拼盘制作案例。

提示：从花色拼盘的原料选购入手，选择一些物美价廉的冷菜原料来制作花色拼盘。充分利用原料的色泽、形状、刀面、造型、拼摆层次、整体效果等来设计拼盘，注意突出主料、色彩对比与调和、刀面处理、刀工、刀法和拼摆手法等。

任务三 制作"宫灯"拼盘

◆任务介绍

根据"宫灯"的含义和意境进行设计，以宫灯、梅、兰、竹、菊及其他装饰性元素为设计主题要素，选用不同形状、不同口味、不同色彩、不同质地、符合造型要求的冷菜原料，经过垫底、修整形状、刀工切片、刀面组织与盖面等制作工序，采用多种刀工技法和排、堆、叠、围等造型手法，制作成造型逼真、色彩分明、形态饱满、重心稳定的主题图案，体现"宫灯"主题和各种原料之间的完美组合，做好保鲜和陈列工作。

◆任务目标

* 熟知"宫灯"拼盘的图案设计、原料选购及用量、垫底、原料加工与盖面、衬托、保鲜的工作过程。
* 掌握制作"宫灯"拼盘的实践操作规范和方法
* 严格按照要求掌握"宫灯"的拼摆方法与操作要领
* 掌握"宫灯"拼盘的工艺流程
* 举一反三，学会类似冷拼的制作方法

◆重点与难点

* "宫灯"拼盘的图案设计、原料形状加工、垫底与盖面
* 掌握"宫灯"拼盘图案设计、原料选购及成品加工、冷拼制作、保管的实践操作规范和方法
* 掌握不同性质原料的加工方法
* "宫灯"的拼摆方法与操作要领
* "宫灯"的拼摆要求与操作规范

任务分析

制作“宫灯”拼盘分图案设计、原料选购及用量、垫底、原料加工与盖面、衬托和保鲜六个步骤，具体分析如下：

1. 图案设计

选用方盘，以素雅的宫灯为主体物象，采用刀面拼摆、细笔勾勒，充分体现宫灯的内在意境；以梅、兰、竹、菊及其他装饰性元素为次体物象，进行简笔勾勒，并将这些装饰性元素镶嵌在宫灯上，体现宫灯高洁素雅的境界，给人一种和谐的画面之美，如图4-3-10所示。

2. 原料选购及用量

土豆泥350克、方腿150克、蜜汁南瓜20克、鸡蛋皮100克、心里美萝卜50克、盐味胡萝卜50克、黄瓜20克、莴笋20克、盐水虾50克、白萝卜50克、红樱桃5克、卤香菇30克。

3. 垫底

将土豆泥在圆盘的中间堆成两个宫灯形的底，注意对称性，把握好重心和中心。将两个宫灯呈“八”字形放置，在宫灯四周留有充足的空间来摆放装饰性元素，如图4-3-1所示。

4. 原料加工与盖面

(1) 将白萝卜修成长方形薄片，裁成与宫灯灯面同样大小，覆盖在宫灯表面；将黄瓜去皮、切成线条，裁成与宫灯灯面一样长的线条，镶嵌在宫灯的棱角上，作为轮廓线，如图4-3-2所示。

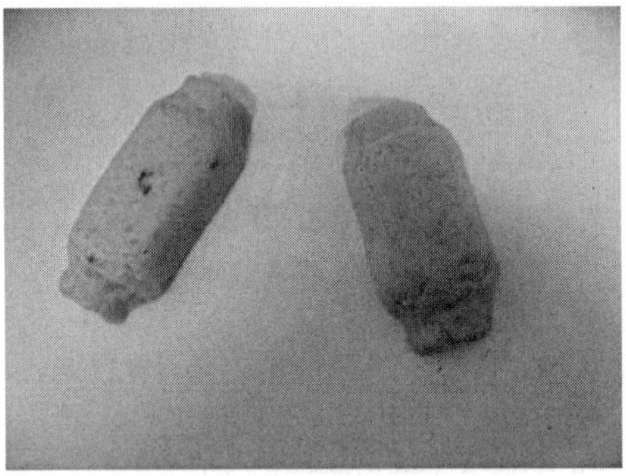

图4-3-1

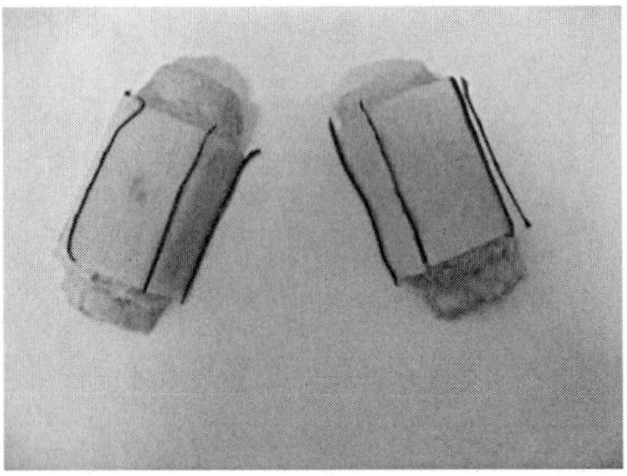

图4-3-2

(2) 将黄瓜修成梯形，切成片，拼摆成刀面，覆盖在宫灯边缘；将蜜汁南瓜修成半圆形，刻上锯齿边，放在黄瓜刀面上方；再将白萝卜修成半圆形，比蜜汁南瓜略小一些，也修成锯齿边，放在蜜汁南瓜上方；在白萝卜上面放上半个红樱桃；将心里美萝卜修成长方形，切成片，拼摆成整齐的直刀面，覆盖在白萝卜刀面和黄瓜刀面之间，如图4-3-3、图4-3-4所示。

(3) 将盐水虾剥去外壳，整齐地摆放在宫灯下面，然后将蜜汁南瓜修成半圆形，刻上锯齿边，放在虾仁的下方，再将白萝卜修成半圆形，比蜜汁南瓜略小一些，也修成锯齿边，放在蜜汁南瓜刀面下方，如图 4-3-5。

（4）将方腿修成长方形，切成片，拼摆成整齐的直刀面，覆盖在白萝卜刀面和虾仁刀面之间，如图 4-3-6 所示。

（5）将蜜汁南瓜修成长条形，切成方片，尖端向上拼摆成整齐的刀面，覆盖在宫灯的灯体和灯头之间，如图 4-3-7、图 4-3-8 所示。将鸡蛋皮切成细丝，用黄瓜皮包裹一头，做成灯笼坠子状，放在宫灯下方，如图 4-3-9 所示。盖面时注意各种原料的色彩对比应协调，同时也要注意刀面的大小、疏密等变化情况。

图 4-3-3

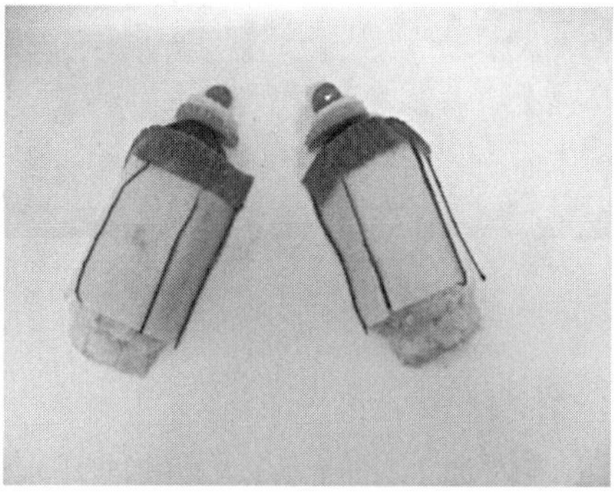

图 4-3-4

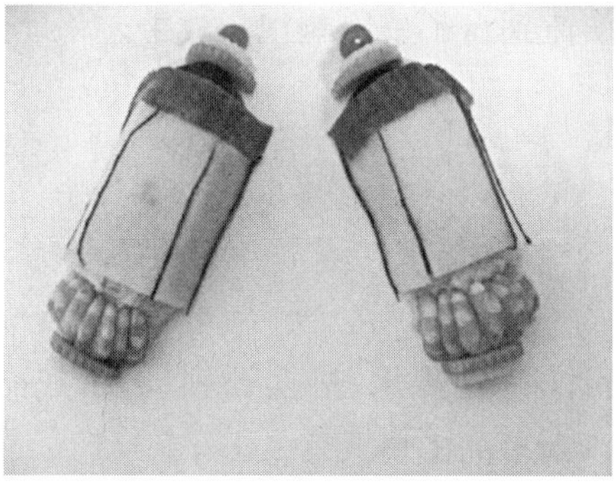

图 4-3-5

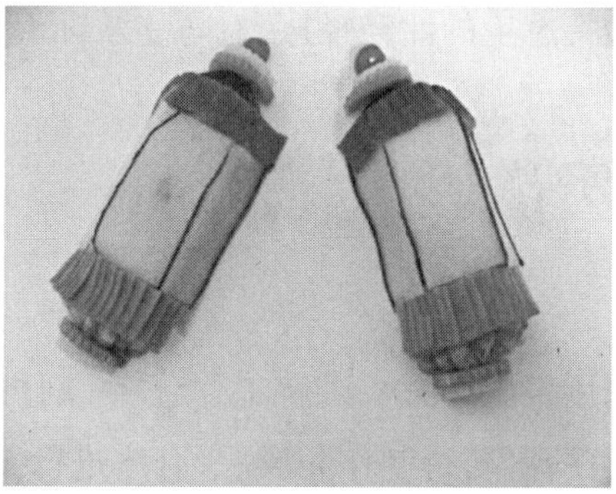

图 4-3-6

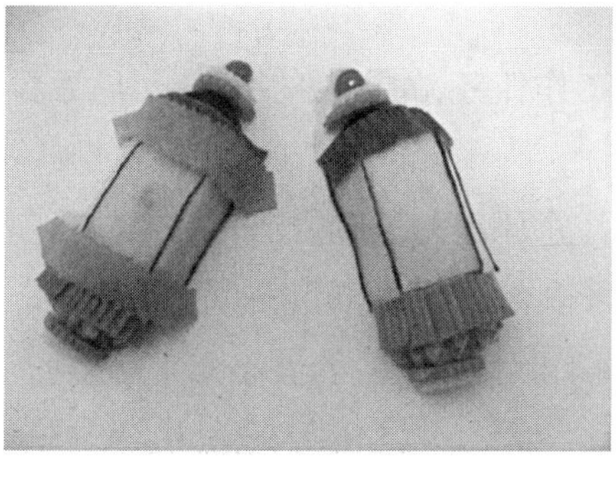

图 4-3-7

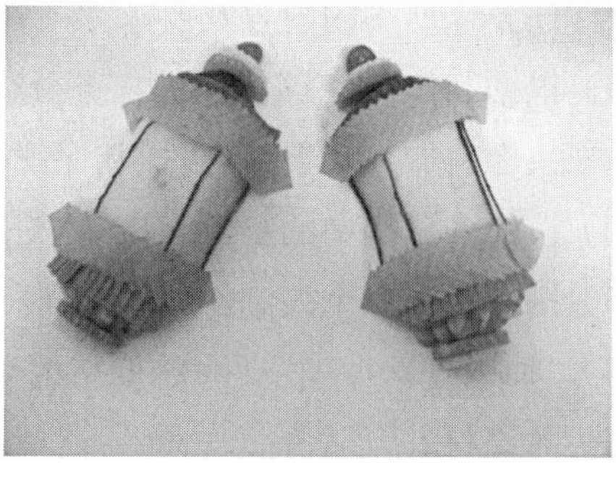

图 4-3-8

5. 衬托

将莴笋雕刻成玉状，将心里美萝卜切成细丝用作点缀，使心里美萝卜细丝的一头连接宫灯，另一头与梅花枝相连。最后将上述原料拼摆成梅、兰、竹、菊等装饰纹样放在宫灯刀面上，如图 4-3-10 所示。

图 4-3-9

图 4-3-10

6. 保鲜

在小碗内加入比例为 1 ∶ 1 的冷开水和芝麻油，用干净的排笔蘸着水油混合液，沿着花色拼盘的线条由上而下（或由下而上）轻轻地抹刷。要注意一次蘸量不要过多，刷油时可在碗边将过量的油轻轻抹去，防止水油混合液过多流到盘子里影响视觉效果。

任务实施

1. 示范

采用多媒体方式讲解工作任务，剖析主题设计、拼摆步骤、拼摆要领，展示成品彩图。学生有序观摩，待制作完成后，有序进行拍照，形成初步的印象。

2. 下达“工作任务计划书”

工作任务计划书的内容及要求如下：

（1）根据制作“宫灯”拼盘的任务分析，分解工作任务，如拼盘的图案设计、原料选购及用量、垫底、原料加工及盖面、衬托和保鲜等。

（2）按任务分析中的步骤制作“宫灯”拼盘，注意原料的加工方法和拼摆技巧。

（3）拼盘制作以个人制作为主，原料选购可采取合作的方式。

（4）“原料选购”一栏要写明原料的名称、色彩、形状等。应能够事先了解市场行情，并对拟购买的原料进行估价。

3. 学生制作(个人练习)

(1)原料、制作方法同“示范”。

(2)练习要求:要掌握“宫灯”拼盘的主题设计和原料的选购,掌握垫底的方法与技巧,掌握盖面技巧,学会衬托元素的选择与运用及保鲜方法等。在制作冷拼时一定要保持原料的新鲜度;堆放时一定要整齐完美、形态饱满、造型逼真、色彩艳丽、对比协调。

任务评价

1. 自我评价

该评价主体是学生,由学生参照该菜品应有的评定标准对其制作的冷菜成品进行自我评价,参照表4-3-1的内容执行并将训练情况如实地填入表内。

表4-3-1　“宫灯”拼盘制作自我评价表

主要工艺环节	操作规范执行情况	存在问题	解决思路与方法
图案设计			
原料选购			
垫底			
原料加工与盖面			
衬托			
保鲜			

2. 教师评价

任课教师或指导教师在学生自我评价的基础上,参照该拼盘应有的标准和操作规范对学生作品进行综合评价,并将分值填入表4-3-2中。

表4-3-2　教师参照标准评价表

项目 / 分值 / 姓名	主题设计	象形程度	熟练程度	原料利用	刀工刀法	刀面排列	色彩搭配	整体效果	卫生	合计
	10	10	15	10	15	10	10	10	10	

问题讨论

1. 制作“宫灯”时应注意哪些问题？
2. 制作“宫灯”拼盘时，刀工成形与拼摆的关键是什么？
3. 制作“宫灯”拼盘的技术关键点有哪些？
4. 根据需要，创新设计一款“宫灯”拼盘。
5. 根据“宫灯”拼盘的制作过程，写出实验报告。

以上问题可以通过列表分析的方法对各个关键点进行分析和探讨，如表 4-3-3 所示。

表 4-3-3 关键点分析表

菜品名称	构图元素	原料色彩	加工形状	拼摆方法	装盘效果

启发教学案例

根据上述“宫灯”拼盘制作的方法和要领，通过领悟和习得，设计并完成另一款相类似的拼盘制作案例。

提示：从花色拼盘的原料选购入手，选择一些物美价廉的冷菜原料来制作花色拼盘。充分利用原料的色泽、形状、刀面、造型、拼摆层次、整体效果等来设计拼盘，注意突出主料、色彩对比与调和、刀面处理、刀工、刀法和拼摆手法等。

任务四　制作“迎宾花篮”拼盘

◆任务介绍

根据“迎宾花篮”的含义和意境进行设计，以花篮、多种鲜花等为设计主题要素，选用不同形状、不同口味、不同色彩、不同质地、符合造型要求的冷菜原料，经过垫底、修整形状、刀工切片、刀面组织与盖面等制作工序，采用多种刀工技法和排、堆、叠、围等造型手法，制作成造型逼真、色彩分明、形态饱满、重心稳定的主题图案，体现“迎宾花篮”主题和各种原料之间的完美组合，做好保鲜和陈列工作。

◆任务目标

* 熟知“迎宾花篮”拼盘的图案设计、原料选购及用量、垫底、原料加工与盖面、衬托、保鲜的工作过程
* 掌握制作“迎宾花篮”拼盘的实践操作规范和方法
* 严格按照要求掌握“迎宾花篮”人的拼摆方法与操作要领
* 掌握“迎宾花篮”冷拼的工艺流程
* 举一反三，学会类似冷拼的制作方法

◆重点与难点

* “迎宾花篮”拼盘的图案设计、垫底、原料加工与盖面
* 掌握“迎宾花篮”拼盘图案设计、原料选购及加工、冷拼制作、保鲜的实践操作规范和方法
* 掌握不同性质原料的加工方法
* “迎宾花篮”的拼摆方法与操作要领
* “迎宾花篮”的拼摆要求与操作规范

任务分析

制作“迎宾花篮”拼盘分图案设计、原料选购及用量、垫底、原料加工与盖面、衬托和保鲜六个步骤,具体分析如下:

1. 图案设计

选用圆盘,以细腻的花篮和艳丽的鲜花为主体物象,进行细笔勾勒。当然,除了圆盘之外,还可以采用方盘进行设计,以不同的手法和不同种类的鲜花为题材,体现出喜迎宾客的美好愿景,如图 4-4-10 所示。

2. 原料选购及用量

土豆泥 250 克、方腿 150 克、蛋黄糕 50 克、莴笋 20 克、心里美萝卜 50 克、盐味胡萝卜 50 克、黄瓜 100 克、蜜汁南瓜 40 克、腌大头菜 30 克、西红柿 80 克、白萝卜 50 克、红椒 25 克、荷兰芹 30 克、药芹 15 克、腌大头菜 200 克、香菇 50 克。

3. 垫底

将土豆泥在圆盘的下方与盘边线结合处堆成花篮形状,如图 4-4-1 所示,充分突出篮底、篮身和篮口。

4. 原料加工与盖面

(1) 将盐味胡萝卜修成等腰梯形,再横切成薄片,排列成放射状刀面,覆盖在篮底上,如图 4-4-2 所示。

图 4-4-1

图 4-4-2

(2) 将方腿、白萝卜、心里美萝卜、盐味胡萝卜、莴笋、蛋黄糕、腌大头菜分别切成截面为正方形的长条,再横切成薄片,尖端向上排列成整齐的刀面,依次覆盖在篮身上,如图 4-4-3 所示。

(3) 将盐味胡萝卜、腌大头菜、方腿、白萝卜分别修成长方块,四角修圆后,分别切成片，根据篮口的弧线摆成整齐的刀面，一个接着一个排放在篮口上，如图 4-4-4 所示。盖面时注意各种原料的色彩对比应协调，同时也要注意刀面的大小、疏密等变化情况。

（4）将药芹用沸水烫制后编成辫子状，放置在花篮口，作为花篮的篮把，如图 4-4-5 所示。

（5）将胡萝卜修成长方形条，然后削成兰花状，放置在花篮口内；将西红柿皮削下来，卷成月季花状，放置在花篮口内；将白萝卜修成剑形，切成薄片，摆成马蹄莲状，也放在篮口内，如图 4-4-6、图 4-4-7、图 4-4-8 所示。

图 4-4-3

图 4-4-4

图 4-4-5

图 4-4-6

图 4-4-7

图 4-4-8

5．衬托

将红椒修成蝴蝶结形，放在篮把顶端；将药芹修成花柄状，放在花朵下方；将黄瓜修成花叶状，放在花朵旁边进行点缀。除此以外，还可以将腌大头菜拼摆成喇叭花状、香菇拼摆成黑牡丹状放置在篮口内，将荷兰芹放在篮子内的空白处进行点缀，如图 4-4-9、图 4-4-10 所示。

图 4-4-9

图 4-4-10

6．保鲜

在小碗内加入比例为 1∶1 的冷开水和芝麻油，用干净的排笔蘸着水油混合液，沿着花色拼盘的线条由上而下（或由下而上）轻轻地抹刷。要注意一次蘸量不要过多，刷油时可将碗边多量的油轻轻抹去，防止水油混合液过多流到盘子里影响视觉效果。

任务实施

1．示范

采用多媒体方式讲解工作任务，剖析主题设计、拼摆步骤、拼摆要领，展示成品彩图。学生有序观摩，待制作完成后，有序进行拍照，形成初步的印象。

2．下达“工作任务计划书”

工作任务计划书的内容及要求如下：

（1）根据制作“迎宾花篮”拼盘的任务分析，分解工作任务，如拼盘的图案设计、原料选购及用量、垫底、原料加工及盖面、衬托和保鲜等。

（2）按任务分析中的步骤制作“迎宾花篮”拼盘，注意原料的加工方法和拼摆技巧。

（3）拼盘制作以个人制作为主，原料选购可采取合作的方式。

（4）“原料选购”一栏要写明原料的名称、色彩、形状等。应能够事先了解市场行情，并对拟购买的原料进行估价。

3. 学生制作(个人练习)

(1) 原料、制作方法同“示范”。

(2) 练习要求:要掌握“迎宾花篮”拼盘的主题设计和原料选购,掌握垫底的方法与技巧,掌握盖面技巧,学会衬托元素的选择与运用及保鲜方法等。在制作冷拼时一定要保持原料的新鲜;堆放时一定要整齐完美、形态饱满、造型逼真、色彩艳丽、对比协调。

任务评价

1. 自我评价

该评价主体是学生,由学生参照该菜品应有的评定标准对其制作的冷菜成品进行自我评价,参照表 4-4-1 的内容执行并将训练情况如实地填入表内。

表 4-4-1　“迎宾花篮”拼盘制作自我评价表

主要工艺环节	操作规范执行情况	存在问题	解决思路与方法
图案设计			
原料选购			
垫底			
原料加工与盖面			
衬托			
保鲜			

2. 教师评价

任课教师或指导教师在学生自我评价的基础上,参照该拼盘应有的标准和操作规范对学生作品进行综合评价,并将分值填入表 4-4-2 中。

表 4-4-2　教师参照标准评价表

项目 / 分值 / 姓名	主题设计	象形程度	熟练程度	原料利用	刀工刀法	刀面排列	色彩搭配	整体效果	卫生	合计
	10	10	15	10	15	10	10	10	10	

问题讨论

1. 制作“迎宾花篮”时应注意哪些问题?
2. 制作“迎宾花篮”拼盘时,刀工成形与拼摆的关键是什么?
3. 制作“迎宾花篮”拼盘的技术关键点有哪些?
4. 根据需要,创新设计一款“迎宾花篮”拼盘。
5. 根据“迎宾花篮”拼盘的制作过程,写出实验报告。

以上问题可以通过列表分析的方法对各个关键点进行分析和探讨,如表 4-4-3 所示。

表 4-4-3 关键点分析表

菜品名称	构图元素	原料色彩	加工形状	拼摆方法	装盘效果

启发教学案例

根据上述“迎宾花篮”拼盘制作的方法和要领,通过领悟和习得,设计并完成另一款相类似的拼盘制作案例。

提示:从花色拼盘的原料选购入手,选择一些物美价廉的冷菜原料来制作花色拼盘。充分利用原料的色泽、形状、刀面、造型、拼摆层次、整体效果等来设计拼盘,注意突出主料、色彩对比与调和、刀面处理、刀工、刀法和拼摆手法等。

任务五　制作“鱼趣”拼盘

◆任务介绍

根据“鱼趣”的含义和意境进行设计，以鱼儿、荷叶、水草等为设计主题要素，选用不同形状、不同口味、不同色彩、不同质地、符合造型要求的冷菜原料，经过垫底、修整形状、刀工切片、刀面组织与盖面等制作工序，采用多种刀工技法和排、堆、叠、围等造型手法，制作成造型逼真、色彩分明、形态饱满、重心稳定的主题图案，体现“鱼趣”主题和各种原料之间的完美组合，做好保鲜和陈列工作。

◆任务目标

* 熟知“鱼趣”拼盘的图案设计、原料选购及用量、垫底、原料加工与盖面、衬托、保鲜的工作过程
* 掌握鱼制作“趣拼”盘的实践操作规范和方法
* 严格按照要求掌握“鱼趣”的拼摆方法与操作要领
* 掌握“鱼趣”冷拼的工艺流程
* 举一反三，学会类似冷拼的制作方法

◆重点与难点

* “鱼趣”拼盘的图案设计、垫底、原料加工与盖面
* 掌握“鱼趣”拼盘图案设计、原料选购及加工、冷拼制作、保鲜的实践操作规范和方法。
* 掌握不同性质原料的加工方法
* “鱼趣”的拼摆方法与操作要领
* “鱼趣”的拼摆要求与操作规范

任务分析

制作“鱼趣”拼盘分图案设计、原料选购及用量、垫底、原料加工与盖面、衬托和保鲜六个步骤,具体分析如下:

1. 图案设计

选用圆盘,以两条鲤鱼为构图主体,进行细笔勾勒,体现出鱼儿嬉戏的场景;以荷叶为次体,简单拼摆;以水草为装饰性元素,充分体现出池塘中鱼儿嬉戏的生趣景象,如图 4-5-16 所示。

2. 原料选购及用量

土豆泥 500 克、盐水虾仁 80 克、豆泥蛋卷 80 克、莴笋 50 克、心里美萝卜 50 克、盐味胡萝卜 50 克、黄瓜 100 克、蜜汁南瓜 40 克、西红柿 30 克、白萝卜 50 克、香菇 10 克、方腿 30 克。

3. 垫底

将土豆泥在圆盘内塑造成两条鲤鱼的形状,作为垫底,如图 4-5-1 所示。

4. 原料加工与盖面

(1) 将盐味胡萝卜修成羽毛形,横切成薄片,拼摆成鲤鱼的尾巴,覆盖在鲤鱼尾鳍上作为盖面,如图 4-5-2 所示。

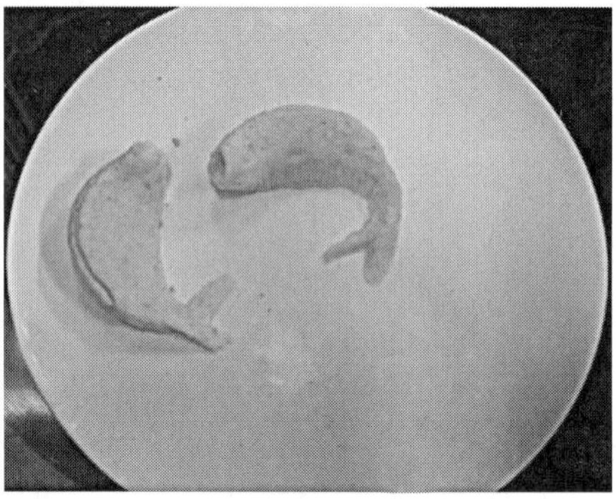

图 4-5-1

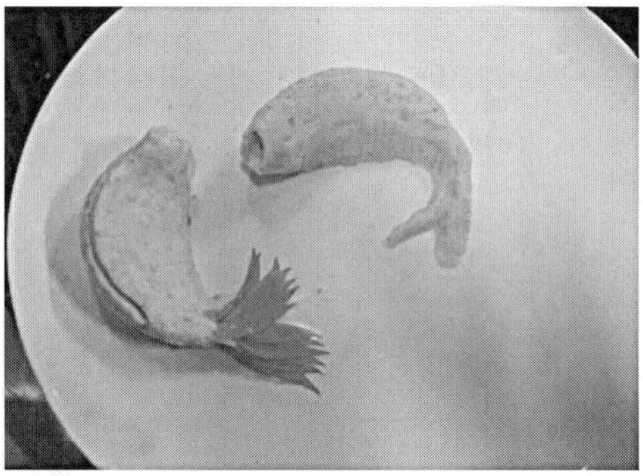

图 4-5-2

(2) 将方腿修成羽毛形,横切成片,拼摆成刀面,覆盖在鲤鱼的尾部;将盐味胡萝卜、莴笋修成背鳍,拼摆在鲤鱼脊背上;将豆泥蛋卷切成椭圆形,拼摆成鱼鳞状覆盖在鲤鱼身体上,如图 4-5-3 至图 4-5-7 所示。盖面时注意各种原料的色彩对比应协调,同时也要注意刀面的大小、疏密等变化情况。

(3) 将蜜汁南瓜修成鱼须,放在鲤鱼的嘴部。

(4) 将蜜汁南瓜和心里美萝卜修成鱼鳃和脑壳放在相应部位,将红樱桃制作成鱼眼放在相应部位,如图 4-5-8 所示。

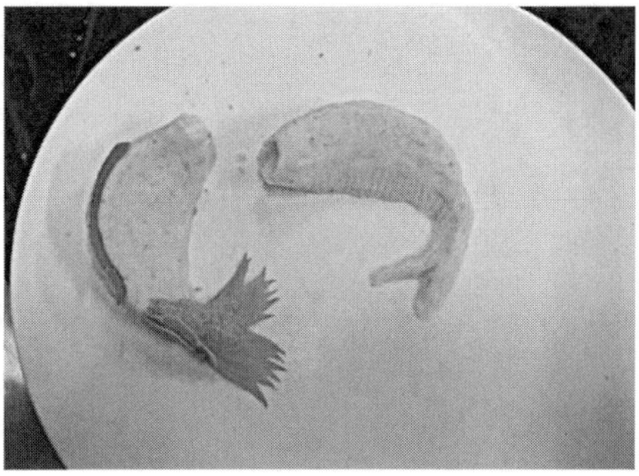

图 4-5-3

图 4-5-4

图 4-5-5

图 4-5-6

图 4-5-7

图 4-5-8

（5）在鲤鱼旁边用土豆泥垫底，呈荷叶形，如图 4-5-9 所示。将蜜汁南瓜、黄瓜、盐味胡萝卜、莴笋、白萝卜等原料切成片，拼摆成刀面，覆盖在荷叶底上，如图 4-5-10 至图 4-5-15 所示。

5．衬托

将黄瓜修成小荷叶、水草、叶柄放在盘子下部，与拼摆的荷叶相连，与两条鲤鱼相衬托。最后将心里美萝卜修成花瓣形，拼摆成荷花，放在盘子一边，与荷叶匹配。整个次体图案与鲤鱼形成一幅完整的图画，既点缀了主题，又平衡了画面，充分体现了池塘中鲤鱼嬉戏的场景，给人一种愉悦之感，如图 4-5-16 所示。

图 4-5-9

图 4-5-10

图 4-5-11

图 4-5-12

图 4-5-13

图 4-5-14

图 4-5-15

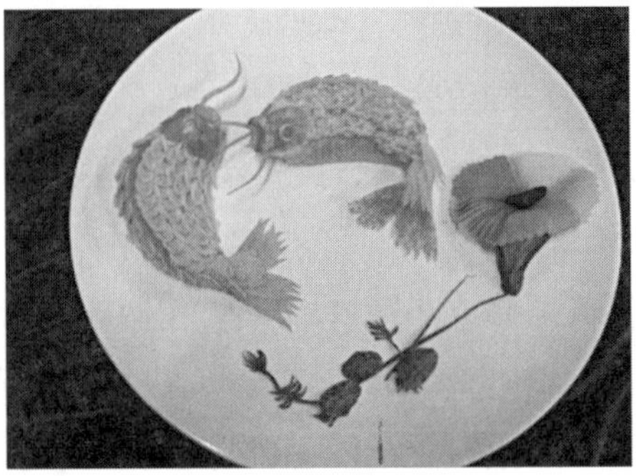

图 4-5-16

6．保鲜

在小碗内加入比例为 1 : 1 的冷开水和芝麻油，用干净的排笔蘸着水油混合液，沿着花色拼盘的线条由上而下（或由下而上）轻轻地抹刷。要注意一次蘸量不要过多，刷油时可将碗边多量的油轻轻抹去，防止水油混合液过多流到盘子里影响视觉效果。

任务实施

1．示范

采用多媒体方式讲解工作任务，剖析主题设计、拼摆步骤、拼摆要领，展示成品彩图。学生有序观摩，待制作完成后，有序进行拍照，形成初步的印象。

2．下达“工作任务计划书”

工作任务计划书的内容及要求如下：

(1) 根据制作“鱼趣”拼盘的任务分析，分解工作任务，如拼盘的图案设计、原料选购与用量、垫底、原料加工及盖面、衬托、保鲜等。

(2) 按任务分析中的步骤制作“鱼趣”拼盘，注意原料的加工方法和拼摆技巧。

(3) 拼盘制作以个人制作为主，原料选购可采取合作的方式。

(4) “原料选购”一栏要写明原料的名称、色彩、形状等。应能够事先了解市场行情，并对拟购买的原料进行估价。

3．学生制作（个人练习）

(1) 原料、制作方法同“示范”。

(2) 练习要求：要掌握“鱼趣”拼盘的主题设计和原料选购，掌握垫底的方法与技巧，掌握盖面技巧，学会衬托元素的选择与运用及保鲜方法等。在制作冷拼时一定要保持原料的新鲜；堆放时一定要整齐完美、形态饱满、造型逼真、色彩艳丽、对比协调。

任务评价

1．自我评价

该评价主体是学生，由学生参照该菜品应有的评定标准对其制作的冷菜成品进行自我评价，参照表 4-5-1 的内容执行并将训练情况如实地填入表内。

表 4-5-1 “鱼趣”拼盘制作自我评价表

主要工艺环节	操作规范执行情况	存在问题	解决思路与方法
图案设计			
原料选购			
垫底			
原料加工与盖面			
衬托			
保鲜			

2. 教师评价

任课教师或指导教师在学生自我评价的基础上，参照该拼盘应有的标准和操作规范对学生作品进行综合评价，并将分值填入表 4-5-2 中。

表 4-5-2 教师参照标准评价表

项目 / 分值 / 姓名	主题设计	象形程度	熟练程度	原料利用	刀工刀法	刀面排列	色彩搭配	整体效果	卫生	合计
	10	10	15	10	15	10	10	10	10	

问题讨论

1. 制作“鲤鱼”时应注意哪些问题？
2. 制作“鱼趣”拼盘时，刀工成形与拼摆的关键是什么？
3. 制作“鱼趣”拼盘的技术关键点有哪些？
4. 根据需要，创新设计一款“鱼趣”拼盘。
5. 根据“鱼趣”拼盘的制作过程，写出实验报告。

以上问题可以通过列表分析的方法对各个关键点进行分析和探讨，如表 4-5-3 所示。

表 4-5-3　关键点分析表

菜品名称	构图元素	原料色彩	加工形状	拼摆方法	装盘效果

启发教学案例

根据上述“鱼趣”拼盘制作的方法和要领,通过领悟和习得,设计并完成另一款相类似的拼盘制作案例。

提示:从花色拼盘的原料选购入手,选择一些物美价廉的冷菜原料来制作花色拼盘。充分利用原料的色泽、形状、刀面、造型、拼摆层次、整体效果等来设计拼盘,注意突出主料、色彩对比与调和、刀面处理、刀工、刀法和拼摆手法等。

任务六　制作“锦绣前程”拼盘

◆任务介绍

根据“锦绣前程”的含义和意境进行设计，以锦鸡、鲜花、小山等为设计主题要素，选用不同形状、不同口味、不同色彩、不同质地、符合造型要求的冷菜原料，经过垫底、修整形状、刀工切片、刀面组织与盖面等制作工序，采用多种刀工技法和排、堆、叠、围等造型手法，制作成造型逼真、色彩分明、形态饱满、重心稳定的主题图案，体现“锦绣前程”主题和各种原料之间的完美组合，做好保鲜和陈列工作。

◆任务目标

* 熟知“锦绣前程”拼盘的图案设计、原料选购及用量、垫底、原料加工与盖面、衬托、保鲜的工作过程
* 掌握制作“锦绣前程”拼盘的实践操作规范和方法
* 能够严格按照要求掌握“锦绣前程”的拼摆方法与操作要领
* 掌握“锦绣前程”冷拼的工艺流程
* 举一反三，学会类似冷拼的制作方法

◆重点与难点

* “锦绣前程”拼盘的图案设计、垫底、原料与加工与盖面
* 掌握“锦绣前程”拼盘图案设计、原料选购及加工、冷拼制作、保鲜的实践操作规范和方法
* 掌握不同性质原料的加工方法
* “锦绣前程”的拼摆方法与操作要领
* “锦绣前程”的拼摆要求与操作规范

任务分析

制作“锦绣前程”拼盘分图案设计、原料选购及用量、垫底、原料加工与盖面、衬托和保鲜六个步骤，具体分析如下：

1. 图案设计

选用圆盘，以锦鸡为主要构图元素，进行细笔勾勒，突出其胸脯、尾羽、冠宇等，以小山和鲜花为次体图案：艳丽的小山上开出灿烂的鲜花；锦鸡回首仰望、高高挺拔、苍劲有力，体现一幅吉祥的景象，如图 4-6-16 所示。

2. 原料选购及用量

土豆泥 100 克、烤鸭 30 克、方腿 350 克、心里美萝卜 50 克、盐味胡萝卜 50 克、黄瓜 100 克、蜜汁南瓜 40 克、腌大头菜 30 克、白萝卜 50 克、卤香菇 30 克、荷兰芹 30 克。

3. 垫底

将土豆泥在圆盘中央堆成锦鸡身体形状，鸡胸脯处向外微微隆起。

4. 原料加工与盖面

（1）片下烤鸭鸭皮，修成胸脯形，批成小片，拼摆成锦鸡的胸脯，覆盖在垫底上，如图 4-6-1 所示。

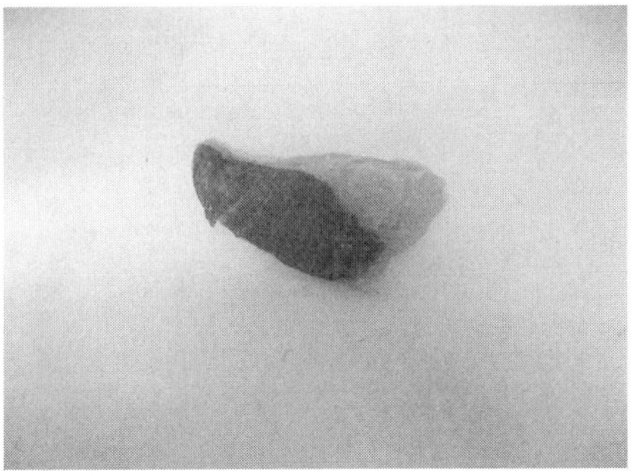

图 4-6-1

（2）将黄瓜修成锦鸡尾羽形，拼摆在锦鸡的尾部，羽毛向外极力舒展，如图 4-6-2、图 4-6-3 所示。

（3）将盐味胡萝卜、方腿、心里美萝卜、黄瓜、蜜汁南瓜、腌大头菜、白萝卜修成羽毛形，切成薄片，拼摆成身体部位、颈部、头部羽毛和腿部羽毛，并在身体侧面拼摆出翅膀，如图 4-6-4至图 4-6-12 所示。盖面时注意各种原料的色彩对比应协调，同时也要注意刀面的大小、疏密等变化情况。

（4）将盐味胡萝卜修成锦鸡的鸡冠、嘴巴、项羽、鸡爪等部位摆放在相应位置，如图 4-6-13、图 4-6-14 所示。

5. 衬托

（1）将黄瓜修成花叶、花柄形，将心里美萝卜切成小三角片，拼摆成小野花，装在盘中，与锦鸡相映衬，如图 4-6-15 所示。

图 4-6-2

图 4-6-3

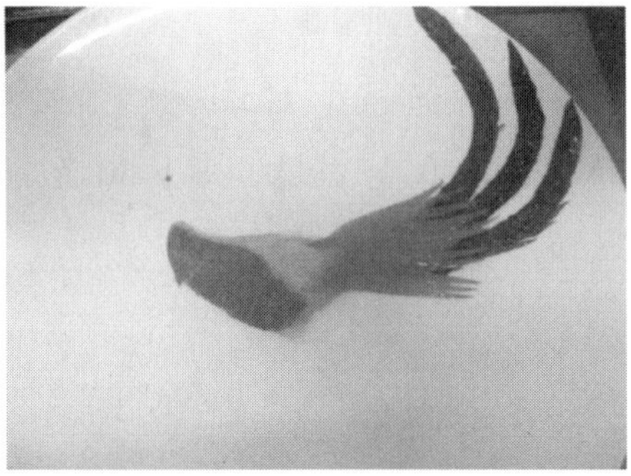

图 4-6-4

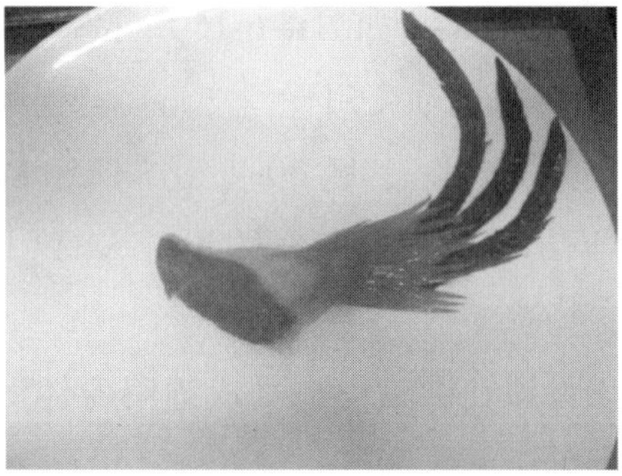

图 4-6-5

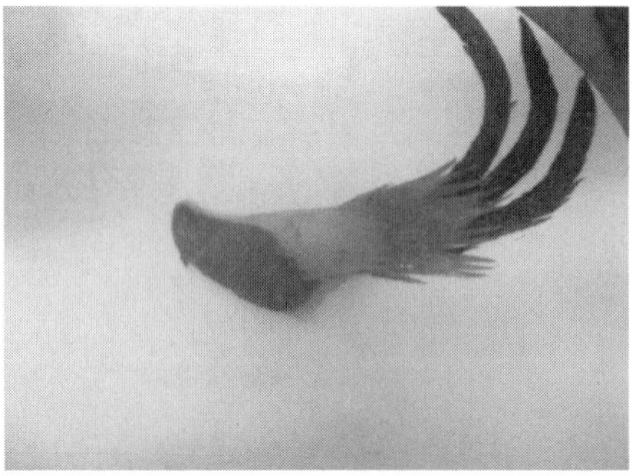

图 4-6-6

图 4-6-7

图 4-6-8

图 4-6-9

图 4-6-10

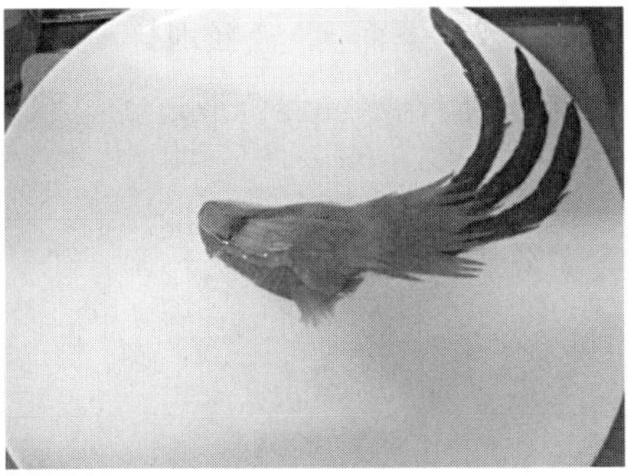

图 4-6-11

图 4-6-12

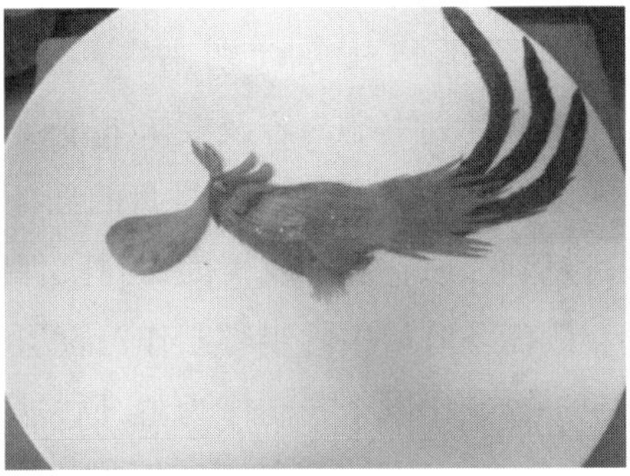

图 4-6-13

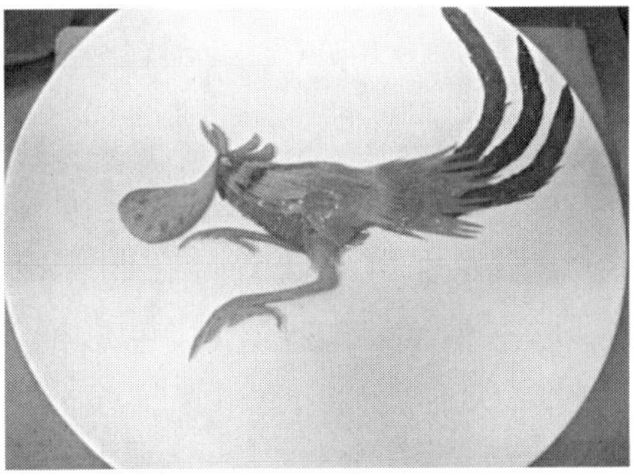

图 4-6-14

图 4-6-15

（2）将卤香菇、腌大头菜、蜜汁南瓜修成半圆形，切成片，拼摆成整齐的刀面，再将刀面交错，拼摆成小山，放在锦鸡的爪子下面，用荷兰芹点缀，如图 4-6-16 所示。

图 4-6-16

6．保鲜

在小碗内加入比例为 1∶1的冷开水和芝麻油，用干净的排笔蘸着水油混合液，沿着花色拼盘的线条由上而下(或由下而上)轻轻地抹刷。要注意一次蘸量不要过多,刷油时可将碗边多量的油轻轻抹去,防止水油混合液过多流到盘子里影响视觉效果。

任务实施

1. 示范

采用多媒体方式讲解工作任务,剖析主题设计、拼摆步骤、拼摆要领,展示成品彩图。学生有序观摩,待制作完成后,有序进行拍照,形成初步的印象。

2. 下达“工作任务计划书”

工作任务计划书的内容及要求如下:

(1) 根据制作“锦绣前程”拼盘的任务分析,分解工作任务,如拼盘的图案设计、原料选购及用量、垫底、原料加工及盖面、衬托、保鲜等。

(2) 按任务分析中的步骤制作“锦绣前程”拼盘,注意原料的加工方法和拼摆技巧。

(3) 拼盘制作以个人制作为主,原料选购可采取合作的方式。

(4) “原料选购”一栏要写明原料的名称、色彩、形状等。应能够事先了解市场行情,并对拟购买的原料进行估价。

3. 学生制作(个人练习)

(1) 原料、制作方法同“示范”。

(2) 练习要求:要掌握“锦绣前程”拼盘的主题设计和原料选购,掌握垫底的方法与技巧,掌握盖面技巧,学会衬托元素的选择与运用及保鲜方法等。在制作冷拼时一定要保持原料的新鲜;堆放时一定要整齐完美、形态饱满、造型逼真、色彩艳丽、对比协调。

任务评价

1. 自我评价

该评价主体是学生,由学生对其制作的冷菜成品参照该菜品应有的评定标准进行自我评价,参照表 4-6-1 的内容执行并将训练情况如实地填入表内。

表 4-6-1　“锦绣前程”拼盘制作自我评价表

主要工艺环节	操作规范执行情况	存在问题	解决思路与方法
图案设计			
原料选购			
垫底			
原料加工与盖面			
衬托			
保鲜			

2. 教师评价

任课教师或指导教师在学生自我评价的基础上,参照该拼盘应有的标准和操作规范对学生作品进行综合评价,并将分值填入表 4-6-2 中。

表 4-6-2　教师参照标准评价表

项目 / 分值 / 姓名	主题设计	象形程度	熟练程度	原料利用	刀工刀法	刀面排列	色彩搭配	整体效果	卫生	合计
	10	10	15	10	15	10	10	10	10	

问题讨论

1. 制作“锦鸡”的时应注意哪些问题?
2. 制作“锦绣前程”拼盘时,刀工成形与拼摆的关键是什么?
3. 制作“锦绣前程”拼盘的技术关键点有哪些?
4. 根据需要,创新设计一款“锦绣前程”拼盘。
5. 根据“锦绣前程”拼盘的制作过程,写出实验报告。

以上问题可以通过列表分析的方法对各个关键点进行分析和探讨,如表 4-6-3 所示。

表 4-6-3 关键点分析表

菜品名称	构图元素	原料色彩	加工形状	拼摆方法	装盘效果

启发教学案例

根据上述“锦绣前程”拼盘制作的方法和要领，通过领悟和习得，设计并完成另一款相类似的拼盘制作案例。

提示：从花色拼盘的原料选购入手，选择一些物美价廉的冷菜原料来制作花色拼盘。充分利用原料的色泽、形状、刀面、造型、拼摆层次、整体效果等来设计拼盘，注意突出主料、色彩对比与调和、刀面处理、刀工、刀法和拼摆手法等。

任务七　制作“春江水暖”拼盘

◆任务介绍

根据“春江水暖”的含义和意境进行设计，以野鸭、小山及湖边风景等为设计主题要素，选用不同形状、不同口味、不同色彩、不同质地、符合造型要求的冷菜原料，经过垫底、修整形状、刀工切片、刀面组织与盖面等制作工序，采用多种刀工技法和排、堆、叠、围等造型手法，制作成造型逼真、色彩分明、形态饱满、重心稳定的主题图案，体现“春江水暖”主题和各种原料之间的完美组合，做好保鲜和陈列工作。

◆任务目标

* 熟知“春江水暖”拼盘的图案设计、原料选购及用量、垫底、原料加工与盖面、衬托和保鲜的工作过程
* 掌握制作“春江水暖”拼盘的实践操作规范和方法
* 严格按照要求掌握“春江水暖”的拼摆方法与操作要领
* 掌握“春江水暖”冷拼的工艺流程
* 举一反三，学会类似冷拼的制作方法

◆重点与难点

* “春江水暖”拼盘的图案设计、垫底、原料加工与盖面
* 掌握“春江水暖”拼盘图案设计、原料选购及加工、冷拼制作、保鲜的实践操作规范和方法
* 掌握不同性质原料的加工方法
* “春江水暖”的拼摆方法与操作要领
* “春江水暖”的拼摆要求与操作规范

任务分析

制作“春江水暖”拼盘分图案设计、原料选购及用量、垫底、原料加工与盖面、衬托和保鲜六个步骤，具体分析如下：

1. 图案设计

选用圆盘，以艳丽、飞翔的两只野鸭为主体构图要素，以小山、湖边风景（包括垂柳、野花等）为次体图案，体现春天悄悄到来、野鸭兴致勃勃的动景画面，如图 4-7-22 所示。

2. 原料选购及用量

土豆泥 350 克、叉烧肉 30 克、方腿 150 克、蛋黄糕 100 克、心里美萝卜 50 克、盐味胡萝卜 50 克、黄瓜 100 克、青萝卜 80 克、蜜汁南瓜 40 克、腌大头菜 30 克、白萝卜 50 克、卤香菇 30 克、西兰花 30 克。

3. 垫底

将土豆泥在圆盘的中央位置堆成两只野鸭形状，在盘子底部堆成水岸形状，如图 4-7-1 所示。

4. 原料加工与盖面

(1) 将心里美萝卜修成尾羽形，切成片，拼摆成尾部羽毛，覆盖在野鸭尾部，如图 4-7-2 所示。

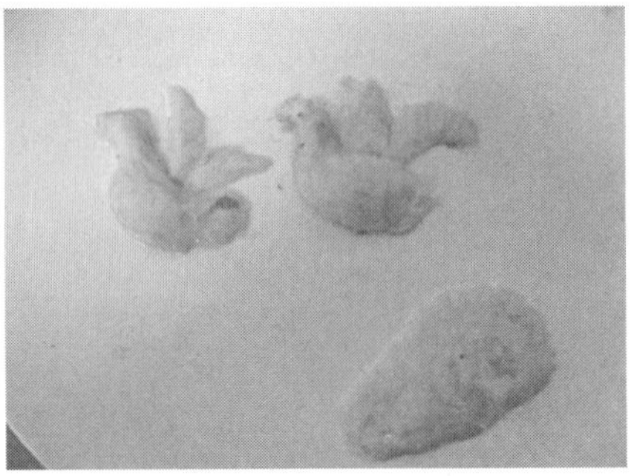

图 4-7-1

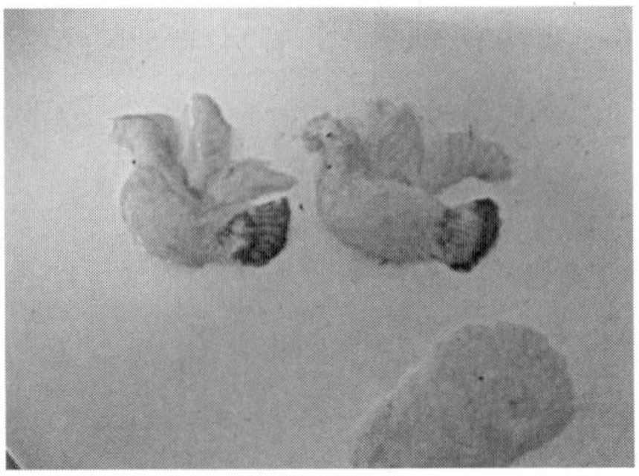

图 4-7-2

(2) 将蜜汁南瓜、盐味胡萝卜、卤香菇修成羽毛形，切成片，拼摆成刀面，覆盖在野鸭的身体部位，如图 4-7-3 至图 4-7-6 所示。

(3) 将盐味胡萝卜修成野鸭嘴巴状；将盐味胡萝卜刻成野鸭腿和爪状，拼装在野鸭相应部位，如图 4-7-7 所示。

(4) 将方腿、蛋黄糕、黄瓜修成羽毛形，切成片，拼摆成刀面，覆盖在野鸭翅膀部位，如图 4-7-8 至图 4-7-12 所示。

(5)将黄瓜、蛋黄糕、方腿、盐味胡萝卜等原料修成半圆形，切成片，拼摆成刀面，覆盖在

“水岸”垫底上，如图 4-7-13 至图 4-7-16 所示。盖面时注意各种原料的色彩对比应协调，同时也要注意刀面的大小、疏密等变化情况。

图 4-7-3

图 4-7-4

图 4-7-5

图 4-7-6

图 4-7-7

图 4-7-8

图 4-7-9

图 4-7-10

图 4-7-11

图 4-7-12

图 4-7-13

图 4-7-14

图 4-7-15

图 4-7-16

5．衬托

（1）将白萝卜批成薄片，用盐水腌制 2 分钟，而后将盐味胡萝卜切成细丝卷在白萝卜中，形成萝卜卷，将萝卜卷直刀斜切成马蹄状，整齐地摆放在“水岸”垫底旁边，形成大丽花形，如图 4-7-17 所示。

（2）将西兰花烫制后修成小花朵形，摆放在“水岸”垫底上的相应部位，如图 4-7-18 所示；将青萝卜修成花叶形，放在“水岸”底旁边，呈交叉形；将心里美萝卜切成薄片，拼摆成月季花形，放在花叶上，如图 4-7-19、图 4-7-20 所示；将卤香菇修成垂柳枝干形，将黄瓜修成垂柳叶子形，摆放在相应位置，如图 4-7-21 所示；将叉烧肉切成长方片，拼摆成小山形状，放在盘子上部，用西兰花碎片进行点缀，如图 4-7-22 所示。

图 4-7-17

图 4-7-18

图 4-7-19

图 4-7-20

图 4-7-21

图 4-7-22

6. 保鲜

在小碗内加入比例为 1∶1 的冷开水和芝麻油，用干净的排笔蘸着水油混合液，沿着花色拼盘的线条由上而下（或由下而上）轻轻地抹刷。要注意一次蘸量不要过多，刷油时可将碗边多量的油轻轻抹去，防止水油混合液过多流到盘子里影响视觉效果。

任务实施

1. 示范

采用多媒体方式讲解工作任务，剖析主题设计、拼摆步骤、拼摆要领，展示成品彩图。学生有序观摩，待制作完成后，有序进行拍照，形成初步的印象。

2. 下达"工作任务计划书"

工作任务计划书的内容及要求如下：

(1) 根据制作"春江水暖"拼盘的任务分析，分解工作任务，如拼盘的图案设计、原料选购与用量、垫底、原料加工及盖面、衬托、保鲜等。

(2)按任务分析中的步骤制作"春江水暖"拼盘，注意原料的加工方法和拼摆技巧。

(3)拼盘制作以个人制作为主，原料选购可采取合作的方式。

(4)"原料选购"一栏要写明原料的名称、色彩、形状等。应能够事先了解市场行情，并对拟购买的原料进行估价。

3. 学生制作(个人练习)

(1) 原料、制作方法同"示范"。

(2) 练习要求：要掌握"春江水暖"拼盘的主题设计和原料选购，掌握垫底的方法与技巧，掌握盖面技巧，学会衬托元素的选择与运用及保鲜方法等。在制作冷拼时一定要保持原料的新鲜；堆放时一定要整齐完美、形态饱满、造型逼真、色彩艳丽、对比协调。

任务评价

1. 自我评价

该评价主体是学生，由学生参照该菜品应有的评定标准对其制作的冷菜成品进行自我评价，参照表 4-7-1 的内容执行并将训练情况如实地填入表内。

表 4-7-1 "春江水暖"拼盘制作自我评价表

主要工艺环节	操作规范执行情况	存在问题	解决思路与方法
图案设计			
原料选购			
垫底			
原料加工与盖面			
衬托			
保鲜			

2. 教师评价

任课教师或指导教师在学生自我评价的基础上,参照该拼盘应有的标准和操作规范对学生作品进行综合评价,并将分值填入表 4-7-2 中。

表 4-7-2 教师参照标准评价表

项目/分值/姓名	主题设计	象形程度	熟练程度	原料利用	刀工刀法	刀面排列	色彩搭配	整体效果	卫生	合计
	10	10	15	10	15	10	10	10	10	

问题讨论

1. 制作"野鸭"时应注意哪些问题?
2. 制作"春江水暖"拼盘时,刀工成形与拼摆的关键是什么?
3. 制作"春江水暖"拼盘的技术关键点有哪些?
4. 根据需要,创新设计一款"春江水暖"拼盘。
5. 根据"春江水暖"拼盘的制作过程,写出实验报告。

以上问题可以通过列表分析的方法对各个关键点进行分析和探讨,如表 4-7-3 所示。

表 4-7-3 关键点分析表

菜品名称	构图元素	原料色彩	加工形状	拼摆方法	装盘效果

启发教学案例

根据上述“春江水暖”拼盘制作的方法和要领,通过领悟和习得,设计并完成另一款相类似的拼盘制作案例。

提示:从花色拼盘的原料选购入手,选择一些物美价廉的冷菜原料来制作花色拼盘。充分利用原料的色泽、形状、刀面、造型、拼摆层次、整体效果等来设计拼盘,注意突出主料、色彩对比与调和、刀面处理、刀工、刀法和拼摆手法等。

任务八　制作“海底世界”拼盘

◆任务介绍

根据“海底世界”的含义和意境进行设计，以剑鱼和海底暗礁等为设计主题要素，选用不同形状、不同口味、不同色彩、不同质地、符合造型要求的冷菜原料，经过垫底、修整形状、刀工切片、刀面组织与盖面等制作工序，采用多种刀工技法和排、堆、叠、围等造型手法，制作成造型逼真、色彩分明、形态饱满、重心稳定的主题图案，体现“海底世界”主题和各种原料之间的完美组合，做好保鲜和陈列工作。

◆任务目标

* 熟知“海底世界”拼盘的图案设计、原料选购及用量、垫底、原料加工与盖面、衬托、保鲜的工作过程
* 掌握制作“海底世界”拼盘的实践操作规范和方法
* 严格按照要求掌握“海底世界”的拼摆方法与操作要领
* 掌握“海底世界”冷拼的工艺流程
* 举一反三，学会类似冷拼的制作方法

◆重点与难点

* “海底世界”拼盘的图案设计、垫底、原料加工与盖面
* 掌握“海底世界”拼盘图案设计、原料选购及加工、冷拼制作、保鲜的实践操作规范和方法
* 掌握不同性质原料的加工方法
* “海底世界”的拼摆方法与操作要领
* “海底世界”的拼摆要求与操作规范

任务分析

制作“海底世界”拼盘分图案设计、原料选购及用量、垫底、原料加工与盖面、衬托和保鲜六个步骤，具体分析如下：

1. 图案设计

选用圆盘，以艳丽、活跃的剑鱼为主体构图元素，表现剑鱼在大海中游来游去、快乐自由的景象；以海底暗礁和海草为次体图案，色彩艳丽，从侧面衬托海底世界的美丽景色，如图 4-8-17 所示。

2. 原料选购及用量

土豆泥 250 克、豆泥蛋卷 30 克、蛋皮鱼糕 50 克、卤猪肝 20 克、心里美萝卜 50 克、盐味胡萝卜 50 克、蛋黄糕 200 克、黄瓜 100 克、蜜汁南瓜 40 克、腌大头菜 30 克、白萝卜 50 克、胡萝卜 30 克、荷兰芹 30 克。

3. 垫底

将土豆泥在圆盘中央堆成剑鱼形状，呈现出剑鱼自由、快乐的样子；用土豆泥在盘子下方堆成海底暗礁的形状，如图 4-8-1 所示。

4. 原料加工与盖面

（1）将卤猪肝修成三角形，拼摆成刀面，覆盖在剑鱼的尾部，拼摆成鱼尾，图 4-8-2 所示。

（2）将卤猪肝修成三角形，拼摆成剑鱼背鳍和胸鳍形状，分别拼摆在剑鱼的背部和胸部，如图 4-8-3、图 4-8-4 所示。

（3）将蛋皮鱼糕、豆泥蛋卷切成椭圆形片，拼摆成鱼鳞状刀面，覆盖在剑鱼相应的身体部位，如图 4-8-5、图 4-8-6 所示。

图 4-8-1

图 4-8-2

图 4-8-3

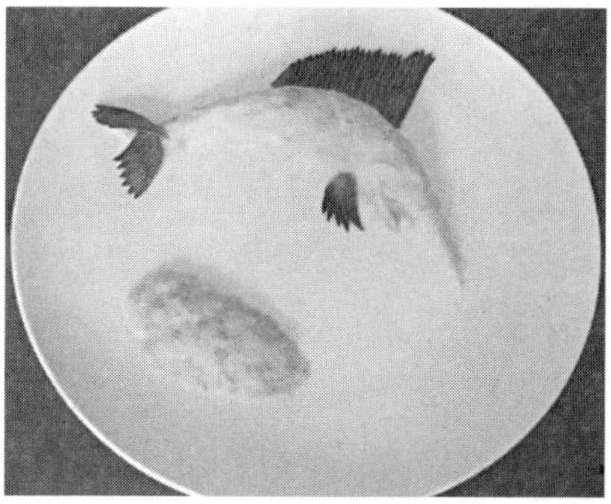

图 4-8-4

图 4-8-5

图 4-8-6

（4）将盐味胡萝卜修成三角形，拼摆成剑鱼的嘴巴，覆盖在鱼嘴部位，如图 4-8-7、图 4-8-8所示。将黄瓜修成长条形，切上蓑衣花刀，如图 4-8-9 所示，用盐腌渍后盖在鱼头和鱼身的连接部位，如图 4-8-10 所示。盖面时注意各种原料的色彩对比应协调，同时也要注意刀面的大小、疏密等变化情况。

图 4-8-7

图 4-8-8

图 4-8-9

图 4-8-10

5. 衬托

图 4-8-11

（1）将黄瓜、蛋黄糕、腌大头菜修成圆弧形，横切成薄片，分别拼摆成刀面，覆盖在“暗礁”上，如图 4-8-11 所示。

（2）沿用上述方法，将盐味胡萝卜、白萝卜、豆泥蛋卷、心里美萝卜、腌大头菜切摆成刀面，覆盖在“暗礁”上，如图 4-8-12 所示；将黄瓜修成水波、水草形状，放在盘中相应位置，如图 4-8-13、图 4-8-14 所示。

（3）将白萝卜批成薄片，卷进胡萝卜丝，切成马蹄卷，放置在“暗礁”旁边，并将荷兰芹放置在空白地方进行点缀，如图 4-8-15 至图 4-8-17 所示。

图 4-8-12

图 4-8-13

图 4-8-14

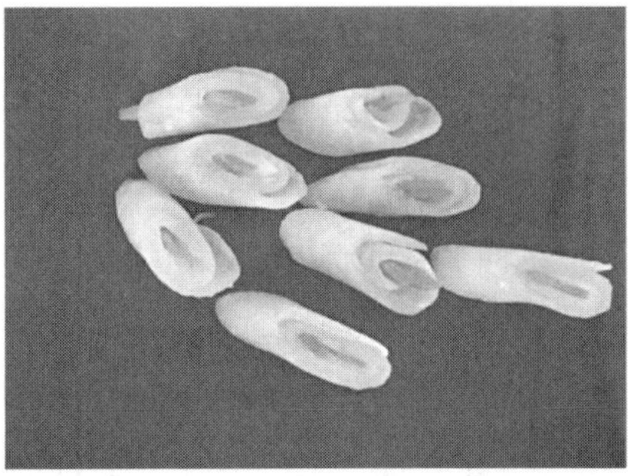

图 4-8-15

图 4-8-16

图 4-8-17

6．保鲜

在小碗内加入比例为 1∶1 的冷开水和芝麻油，用干净的排笔蘸着水油混合液，沿着花色拼盘的线条由上而下（或由下而上）轻轻地抹刷。要注意一次蘸量不要过多，刷油时可将碗边多量的油轻轻抹去，防止水油混合液过多流到盘子里影响视觉效果。

任务实施

1．示范

采用多媒体方式讲解工作任务，剖析主题设计、拼摆步骤、拼摆要领，展示成品彩图。学生有序观摩，待制作完成后，有序进行拍照，形成初步的印象。

2．下达"工作任务计划书"

工作任务计划书的内容及要求如下：

（1）根据制作"海底世界"拼盘的任务分析，分解工作任务，如拼盘的图案设计、原料选购与用量、垫底、原料加工及盖面、衬托、保鲜等。

（2）按任务分析中的步骤制作"海底世界"拼盘，注意原料的加工方法和拼摆技巧。

（3）拼盘制作以个人制作为主，原料选购可采取合作的方式。

（4）“原料选购”一栏要写明原料的名称、色彩、形状等。应能够事先了解市场行情，并对拟购买的原料进行估价。

3. 学生制作(个人练习)

（1）原料、制作方法同“示范”。

（2）练习要求：要掌握“海底世界”拼盘的主题设计和原料选购，掌握垫底的方法与技巧，掌握盖面技巧，学会衬托元素的选择与运用及保鲜方法等。在制作冷拼时一定要保持原料的新鲜；堆放时一定要整齐完美、形态饱满、造型逼真、色彩艳丽、对比协调。

任务评价

1. 自我评价

该评价主体是学生，由学生参照该菜品应有的评定标准对其制作的冷菜成品进行自我评价，参照表 4-8-1 的内容执行并将训练情况如实地填入表内。

表 4-8-1 “海底世界”拼盘制作自我评价表

主要工艺环节	操作规范执行情况	存在问题	解决思路与方法
图案设计			
原料选购			
垫底			
原料加工与盖面			
衬托			
保鲜			

2. 教师评价

任课教师或指导教师在学生自我评价的基础上，参照该拼盘应有的标准和操作规范对学生作品进行综合评价，并将分值填入表 4-8-2 中。

表 4-8-2 教师参照标准评价表

项目 / 分值 / 姓名	主题设计	象形程度	熟练程度	原料利用	刀工刀法	刀面排列	色彩搭配	整体效果	卫生	合计
	10	10	15	10	15	10	10	10	10	

问题讨论

1. 制作“剑鱼”时应注意哪些问题?
2. 制作“海底世界”拼盘时,刀工成形与拼摆的关键是什么?
3. 制作“海底世界”拼盘的技术关键点有哪些?
4. 根据需要,创新设计一款“海底世界”拼盘。
5. 根据“海底世界”拼盘的制作过程,写出实验报告。

以上问题可以通过列表分析的方法对各个关键点进行分析和探讨,如表4-8-3所示。

表4-8-3　关键点分析表

菜品名称	构图元素	原料色彩	加工形状	拼摆方法	装盘效果

启发教学案例

根据上述“海底世界”拼盘制作的方法和要领,通过领悟和习得,设计并完成另一款相类似的拼盘制作案例。

提示:从花色拼盘的原料选购入手,选择一些物美价廉的冷菜原料来制作花色拼盘。充分利用原料的色泽、形状、刀面、造型、拼摆层次、整体效果等来设计拼盘,注意突出主料、色彩对比与调和、刀面处理、刀工、刀法和拼摆手法等。

任务九 制作“荷塘情趣”拼盘

◆任务介绍

根据“荷塘情趣”的含义和意境进行设计，以荷叶、荷花、青蛙、月亮、云彩等为设计主题要素，选用不同形状、不同口味、不同色彩、不同质地、符合造型要求的冷菜原料，经过垫底、修整形状、刀工切片、刀面组织与盖面等制作工序，采用多种刀工技法和排、堆、叠、围等造型手法，制作成造型逼真、色彩分明、形态饱满、重心稳定的主题图案，体现“荷塘情趣”主题和各种原料之间的完美组合，做好保鲜和陈列工作。

◆任务目标

* 熟知“荷塘情趣”拼盘的图案设计、原料选购及用量、垫底、原料加工与盖面、衬托和保鲜的工作过程。
* 掌握制作“荷塘情趣”拼盘的实践操作规范和方法
* 严格按照要求掌握“荷塘情趣”的拼摆方法与操作要领
* 掌握“荷塘情趣”冷拼的工艺流程
* 举一反三，学会类似冷拼的制作方法

◆重点与难点

* “荷塘情趣”拼盘的图案设计、垫底、原料加工与盖面
* 掌握“荷塘情趣”拼盘图案设计、原料选购及加工、冷拼制作、保鲜的实践操作规范和方法
* 掌握不同性质原料的加工方法
* “荷塘情趣”的拼摆方法与操作要领
* “荷塘情趣”的拼摆要求与操作规范

任务分析

制作“荷塘情趣”拼盘分图案设计、原料选购及用量、垫底、原料加工与盖面、衬托和保鲜六个步骤，具体分析如下：

1．图案设计

选用圆盘，以艳丽的荷叶为主体构图元素，表现风吹荷塘的动态景象；以荷花、月亮、浮云、青蛙为次体，进行简笔勾勒，体现月下荷塘的意境和情趣，如图 4-9-19 所示。

2．原料选购及用量

土豆泥 450 克、方腿 350 克、心里美萝卜 50 克、盐味胡萝卜 50 克、黄瓜 100 克、蜜汁南瓜 40 克、腌大头菜 30 克、白萝卜 50 克、蒜薹 20 克。

3．垫底

将土豆泥在圆盘中央堆成两个荷叶的形状，两个荷叶大小不同、姿态不同、高低不同，动态景象也不同，如图 4-9-1 所示。

4．原料加工与盖面

（1）将黄瓜修成近似三角形，切成薄片，拼摆成刀面，覆盖在荷叶的叶柄上，如图 4-9-2 所示。

（2）将方腿、心里美萝卜、盐味胡萝卜、黄瓜、蜜汁南瓜、腌大头菜、白萝卜修成尖形，切成薄片，拼摆成刀面，从荷叶的外围一直拼摆到荷叶心，如图 4-9-3 至图 4-9-12 所示。盖面时注意各种原料的色彩对比应协调，同时也要注意刀面的大小、疏密等变化情况。

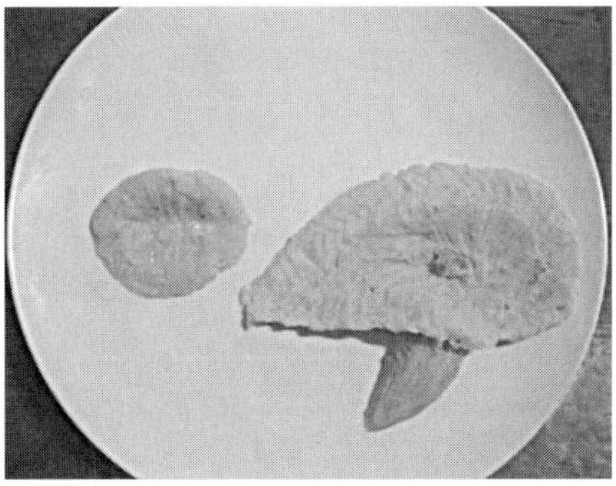

图 4-9-1

图 4-9-2

图 4-9-3

图 4-9-4

图 4-9-5

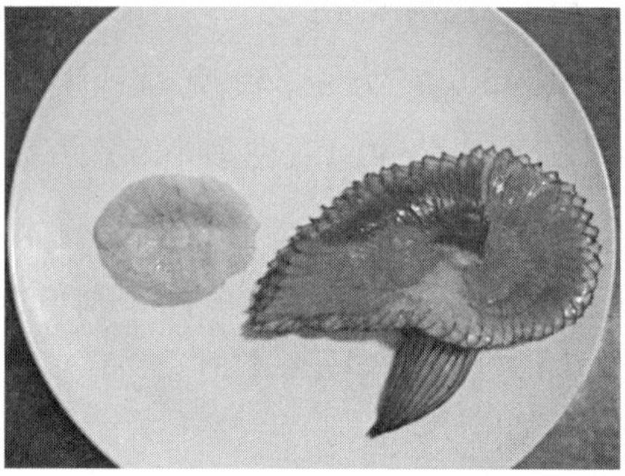

图 4-9-6

图 4-9-7

图 4-9-8

图 4-9-9

图 4-9-10

图 4-9-11

图 4-9-12

5．衬托

将蒜薹烫制以后，修成花柄形，将蜜汁南瓜做成荷花状；用盐味胡萝卜做成一个弯弯的月亮，放在盘子上部，用黄瓜做两片浮云，进行衬托；将黄瓜皮刻成小荷叶形状，再做一只小青蛙放在荷叶上，如图 4-9-13 至图 4-9-19 所示。

图 4-9-13

图 4-9-14

图 4-9-15

图 4-9-16

图 4-9-17

图 4-9-18

图 4-9-19

6. 保鲜

在小碗内加入比例为 1∶1 的冷开水和芝麻油，用干净的排笔蘸着水油混合液，沿着花色拼盘的线条由上而下（或由下而上）轻轻地抹刷，注意一次蘸量不要过多，刷油时可将碗边多量的油轻轻抹去，防止水油混合液过多流到盘子里影响视觉效果。

任务实施

1. 示范

采用多媒体方式讲解工作任务，剖析主题设计、拼摆步骤、拼摆要领，展示成品彩图。学生有序观摩，待制作完成后，有序进行拍照，形成初步的印象。

2. 下达"工作任务计划书"

工作任务计划书的内容及要求如下：

（1）根据制作"荷塘情趣"拼盘的任务分析，分解工作任务，如拼盘的图案设计、原料选购与用量、垫底、原料加工及盖面、衬托、保鲜等。

（2）按任务分析中的步骤制作"荷塘情趣"拼盘，注意原料的加工方法和拼摆技巧。

（3）拼盘制作以个人制作为主，原料选购可采取合作的方式。

（4）"原料选购"一栏要写明原料的名称、色彩、形状等。应能够事先了解市场行情，并对拟购买的原料进行估价。

3. 学生制作（个人练习）

（1）原料、制作方法同"示范"。

（2）练习要求：要掌握"荷塘情趣"拼盘的主题设计和原料选购，掌握垫底的方法与技巧，掌握盖面技巧，学会衬托元素的选择与运用及保鲜方法等。在制作冷拼时一定要保持原料的新鲜；堆放时一定要整齐完美、形态饱满、造型逼真、色彩艳丽、对比协调。

任务评价

1. 自我评价

该评价主体是学生，由学生参照该菜品应有的评定标准对其制作的冷菜成品进行自我评价，参照表4-9-1的内容执行并将训练情况如实地填入表内：

表4-9-1　"荷塘情趣"拼盘制作自我评价表

主要工艺环节	操作规范执行情况	存在问题	解决思路与方法
图案设计			
原料选购			
垫底			
原料加工与盖面			
衬托			
保鲜			

2. 教师评价

任课教师或指导教师在学生自我评价的基础上，参照该拼盘应有的标准和操作规范对学生作品进行综合评价，并将分值填入表4-9-2中。

表4-9-2　教师参照标准评价表

项目 / 分值 / 姓名	主题设计	象形程度	熟练程度	原料利用	刀工刀法	刀面排列	色彩搭配	整体效果	卫生	合计
	10	10	15	10	15	10	10	10	10	

问题讨论

1．制作“荷叶”时应注意哪些问题？

2．制作“荷塘情趣”拼盘时，刀工成形与拼摆的关键是什么？

3．制作“荷塘情趣”拼盘的技术关键点有哪些？

4．根据需要，创新设计一款“荷塘情趣”拼盘。

5．根据“荷塘情趣”拼盘的制作过程，写出实验报告。

以上问题可以通过列表分析的方法对各个关键点进行分析和探讨，如表 4-9-3 所示。

表 4-9-3　关键点分析表

菜品名称	构图元素	原料色彩	加工形状	拼摆方法	装盘效果

启发教学案例

根据上述“荷塘情趣”拼盘制作的方法和要领，通过领悟和习得，设计并完成另一款相类似的拼盘制作案例。

提示：从花色拼盘的原料选购入手，选择一些物美价廉的冷菜原料来制作花色拼盘。充分利用原料的色泽、形状、刀面、造型、拼摆层次、整体效果等来设计拼盘，注意突出主料、色彩对比与调和、刀面处理、刀工、刀法和拼摆手法等。

任务十　制作“奥运火炬”拼盘

◆任务介绍

根据“奥运火炬”的含义和意境进行设计，以火炬、奥运五环等为设计主题要素，选用不同形状、不同口味、不同色彩、不同质地、符合造型要求的冷菜原料，经过垫底、修整形状、刀工切片、刀面组织与盖面等制作工序，采用多种刀工技法和排、堆、叠、围等造型手法，制作成造型逼真、色彩分明、形态饱满、重心稳定的主题图案，体现“奥运火炬”主题和各种原料之间的完美组合，做好保鲜和陈列工作。

◆任务目标

* 熟知“奥运火炬”拼盘的图案设计、原料选购及用量、垫底、原料加工与盖面、衬托和保鲜的工作过程
* 掌握制作“奥运火炬”拼盘的实践操作规范和方法
* 严格按照要求掌握“奥运火炬”的拼摆方法与操作要领
* 掌握“奥运火炬”冷拼的工艺流程
* 举一反三，学会类似冷拼的制作方法

◆重点与难点

* “奥运火炬”拼盘的图案设计、垫底、原料加工与盖面
* 掌握“奥运火炬”拼盘图案设计、原料选购及加工、冷拼制作、保鲜的实践操作规范和方法
* 掌握不同性质原料的加工方法
* “奥运火炬”的拼摆方法与操作要领
* “奥运火炬”的拼摆要求与操作规范

任务分析

制作“奥运火炬”拼盘分图案设计、原料选购及用量、垫底、原料加工与盖面、衬托和保鲜六个步骤，具体分析如下：

1. 图案设计

选用圆盘，以艳丽的火炬为构图主体要素，进行细笔勾勒，体现出奥运圣火熊熊燃烧的景象；以五环为次体构图要素，充分突出奥运主题，如图 4-10-8 所示。

2. 原料选购及用量

土豆泥 450 克、方腿 50 克、心里美萝卜 50 克、盐味胡萝卜 50 克、黄瓜 100 克、蜜汁南瓜 40 克、腌大头菜 30 克、白萝卜 50 克、红樱桃 5 克、叉烧肉 30 克。

3. 垫底

将土豆泥在圆盘的中上方堆成火苗形状，在火苗的左下方堆成火炬柄的形状，如图 4-10-1所示。

4. 原料加工与盖面

（1）将方腿、白萝卜修成半圆形，切上锯齿花边，放在火炬柄的两头，并放上半个红樱桃，使火炬柄和火苗连成一体，如图 4-10-2 所示。

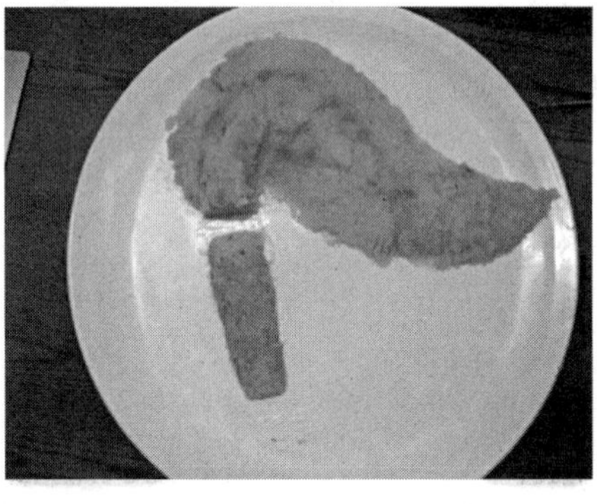

图 4-10-1

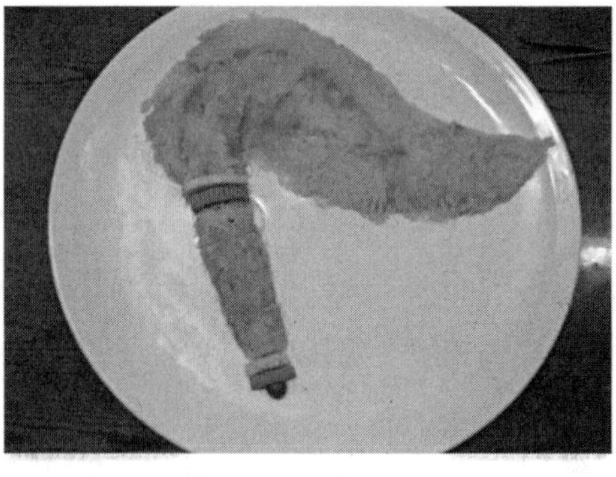

图 4-10-2

（2）将心里美萝卜修成尖形块，切成薄片，拼摆成刀面，覆盖在火苗中间，拼摆成火焰的焰心。沿用上述方法，将蜜汁南瓜、盐味胡萝卜、腌大头菜分别切摆成刀面，覆盖在火焰底上，拼摆成火苗，如图 4-10-3 至图 4-10-6 所示。盖面时注意各种原料的色彩对比应协调，同时也要注意刀面的大小、疏密等变化情况。

（3）将方腿、黄瓜、盐味胡萝卜修成长方块，切成片，拼摆成刀面，覆盖在火炬柄上，如图 4-10-7 所示。

5．衬托

将盐味胡萝卜、方腿、蜜汁南瓜、心里美萝卜、腌大头菜分别修成环形，按照奥运五环的图案规律，整齐地摆放在火炬下方；将盐味胡萝卜切成细丝，用黄瓜皮卷起，制成火炬的坠子；将腌大头菜切成细丝，将坠子和火炬柄连在一起，如图 4-10-8 所示。

图 4-10-3

图 4-10-4

图 4-10-5

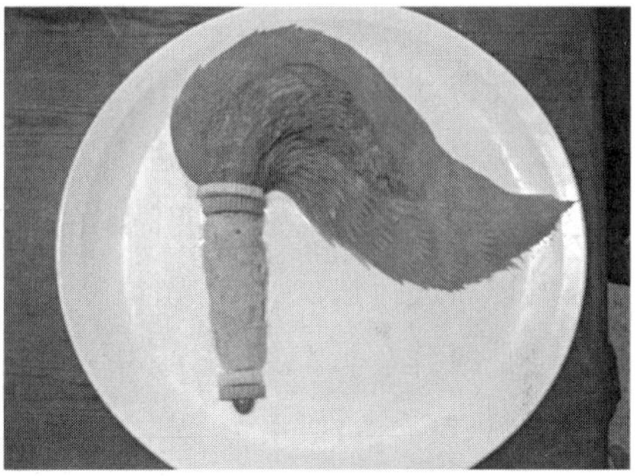

图 4-10-6

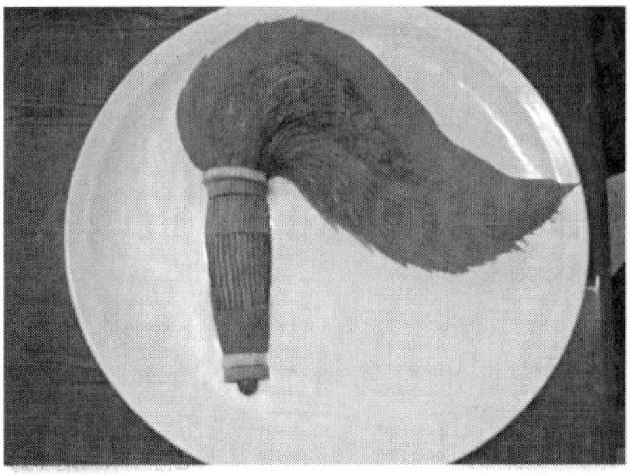

图 4-10-7

图 4-10-8

6. 保鲜

在小碗内加入比例为1∶1的冷开水和芝麻油,用干净的排笔蘸着水油混合液,沿着花色拼盘的线条由上而下(或由下而上)轻轻地抹刷。要注意一次蘸量不要过多,刷油时可将碗边多量的油轻轻抹去,防止水油混合液过多流到盘子里影响视觉效果。

任务实施

1. 示范

采用多媒体方式讲解工作任务,剖析主题设计、拼摆步骤、拼摆要领,展示成品彩图。学生有序观摩,待制作完成后,有序进行拍照,形成初步的印象。

2. 下达"工作任务计划书"

工作任务计划书的内容及要求如下:

(1) 根据制作"奥运火炬"拼盘的任务分析,分解工作任务,如拼盘的图案设计、原料选购与用量、垫底、原料加工及盖面、衬托和保鲜等。

(2) 按任务分析中的步骤制作"奥运火炬"拼盘,注意原料的加工方法和拼摆技巧。

(3) 拼盘制作以个人制作为主,原料选购可采取合作的方式。

(4) "原料选购"一栏要写明原料的名称、色彩、形状等。应能够事先了解市场行情,并对拟购买的原料进行估价。

3. 学生制作(个人练习)

(1) 原料、制作方法同"示范"。

(2) 练习要求:要掌握"奥运火炬"拼盘的主题设计和原料选购,掌握垫底的方法与技巧,掌握盖面技巧,学会衬托元素的选择与运用及保鲜方法等。在制作冷拼时一定要保持原料的新鲜;堆放时一定要整齐完美、形态饱满、造型逼真、色彩艳丽、对比协调。

任务评价

1. 自我评价

该评价主体是学生,由学生参照该菜品应有的评定标准对其制作的冷菜成品进行自我评价,参照表4-10-1的内容执行并将训练情况如实地填入表内。

表 4-10-1 “奥运火炬”拼盘制作自我评价表

主要工艺环节	操作规范执行情况	存在问题	解决思路与方法
图案设计			
原料选购			
垫底			
原料加工与盖面			
衬托			
保鲜			

2. 教师评价

任课教师或指导教师在学生自我评价的基础上，参照该拼盘应有的标准和操作规范对学生作品进行综合评价，并将分值填入表 4-10-2 中。

表 4-10-2 教师参照标准评价表

项目 / 姓名	主题设计	象形程度	熟练程度	原料利用	刀工刀法	刀面排列	色彩搭配	整体效果	卫生	合计
分值	10	10	15	10	15	10	10	10	10	

问题讨论

1. 制作“火炬”时应注意哪些问题？
2. 制作“奥运火炬”拼盘时，刀工成形与拼摆的关键是什么？
3. 制作“奥运火炬”的技术关键点有哪些？
4. 根据需要，创新设计一款“奥运火炬”拼盘。
5. 根据“奥运火炬”拼盘的制作过程，写出实验报告。

以上问题可以通过列表分析的方法对各个关键点进行分析和探讨，如表 4-10-3 所示。

表 4-10-3　关键点分析表

菜品名称	构图元素	原料色彩	加工形状	拼摆方法	装盘效果

启发教学案例

根据上述“奥运火炬”拼盘制作的方法和要领，通过领悟和习得，设计并完成另一款相类似的拼盘制作案例。

提示：从花色拼盘的原料选购入手，选择一些物美价廉的冷菜原料来制作花色拼盘。充分利用原料的色泽、形状、刀面、造型、拼摆层次、整体效果等来设计拼盘，注意突出主料、色彩对比与调和、刀面处理、刀工、刀法和拼摆手法等。

任务十一　制作“一叶情思”拼盘

◆任务介绍

根据“一叶情思”的含义和意境进行设计，以两片芭蕉叶、小花为设计主题要素，选用不同形状、不同口味、不同色彩、不同质地、符合造型要求的冷菜原料，经过垫底、修整形状、刀工切片、刀面组织与盖面等制作工序，采用多种刀工技法和排、堆、叠、围等造型手法，制作成造型逼真、色彩分明、形态饱满、重心稳定的主题图案，体现“一叶情思”主题和各种原料之间的完美组合，做好保鲜和陈列工作。

◆任务目标

* 熟知“一叶情思”拼盘的图案设计、原料选购及用量、垫底、原料加工与盖面、衬托和保鲜的工作过程
* 掌握制作“一叶情思”拼盘的实践操作规范和方法
* 严格按照要求掌握“一叶情思”的拼摆方法与操作要领
* 掌握“一叶情思”冷拼的工艺流程
* 举一反三，学会类似冷拼的制作方法

◆重点与难点

* “一叶情思”拼盘的图案设计、垫底、原料加工与盖面
* 掌握“一叶情思”拼盘图案设计、原料选购及加工、冷拼制作、保鲜的实践操作规范和方法
* 掌握不同性质原料的加工方法
* “一叶情思”的拼摆方法与操作要领
* “一叶情思”的拼摆要求与操作规范

任务分析

制作“一叶情思”拼盘分图案设计、原料选购及用量、垫底、原料加工与盖面、衬托和保鲜六个步骤，具体分析如下：

1. 图案设计

选用方盘，以艳丽的芭蕉叶为构图主体，进行细笔勾勒。芭蕉叶选用两片，一片为主，一片为辅，一片大一些，一片略小一些，体现芭蕉高高挺拔、苍劲有力的美丽身姿，如图 4-11-8所示。

2. 原料选购及用量

土豆泥 250 克、黄瓜 100 克、卤牛肉 50 克、白萝卜 50 克、腌大头菜 30 克、芥蓝 50 克、盐味胡萝卜 50 克、蜜汁南瓜 40 克、心里美萝卜 50 克、药芹 20 克。

3. 垫底

将土豆泥在方盘的中部堆成芭蕉叶状，极力体现芭蕉叶的动态和全立体特征，如图 4-11-1所示。

4. 原料加工与盖面

将黄瓜、卤牛肉、白萝卜、腌大头菜、芥蓝、盐味胡萝卜、蜜汁南瓜分别修成等腰梯形，横切成大薄片，拼摆成刀面，按照芭蕉叶的自然纹理，分别将其覆盖在“芭蕉叶”垫底上。将药芹烫制后修成叶脉放在芭蕉叶中间。盖面时注意各种原料的色彩对比应协调，同时也要注意刀面的大小、疏密等变化情况，如图 4-11-2 至图 4-11-16 所示。

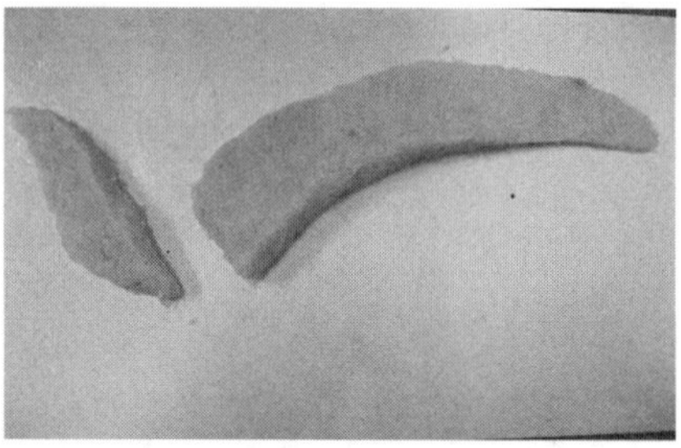

图 4-11-1

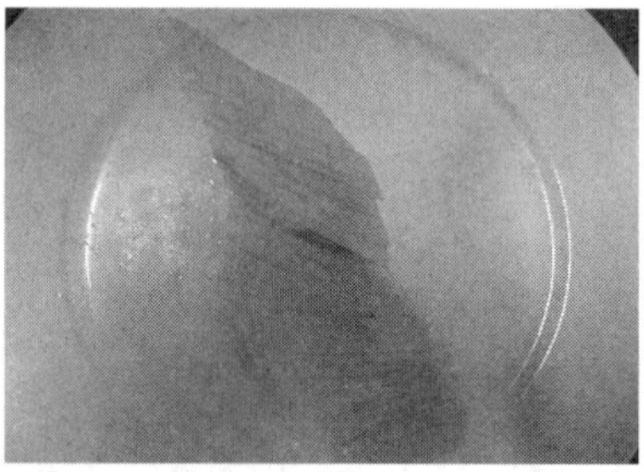

图 4-11-2

图 4-11-3

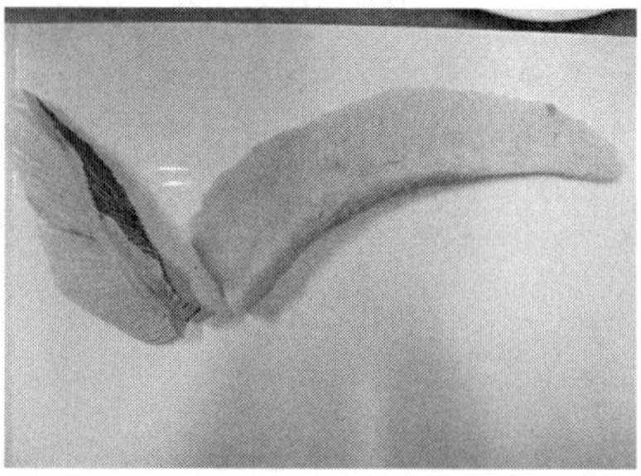

图 4-11-4

图 4-11-5

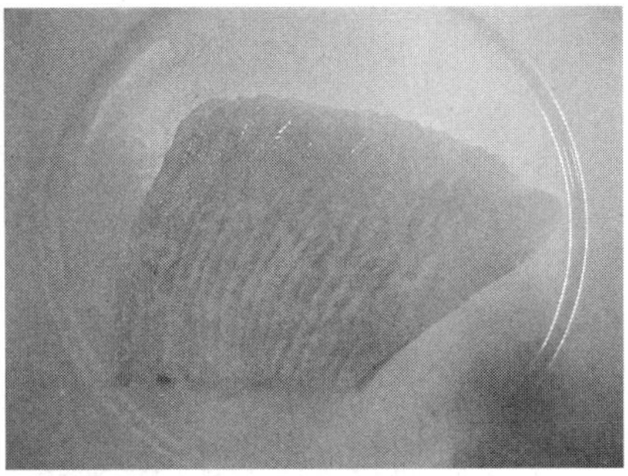

图 4-11-6

图 4-11-7

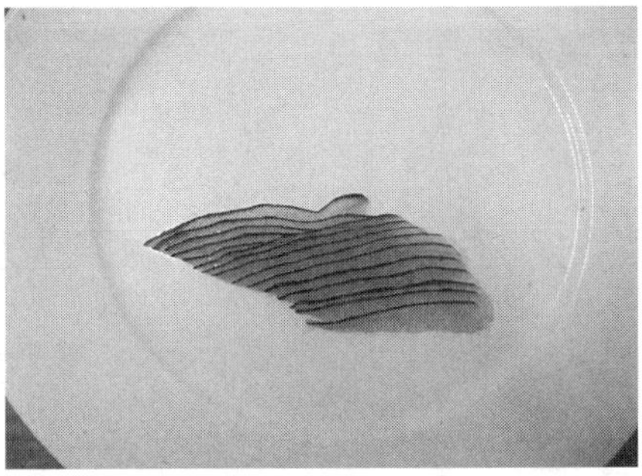

图 4-11-8

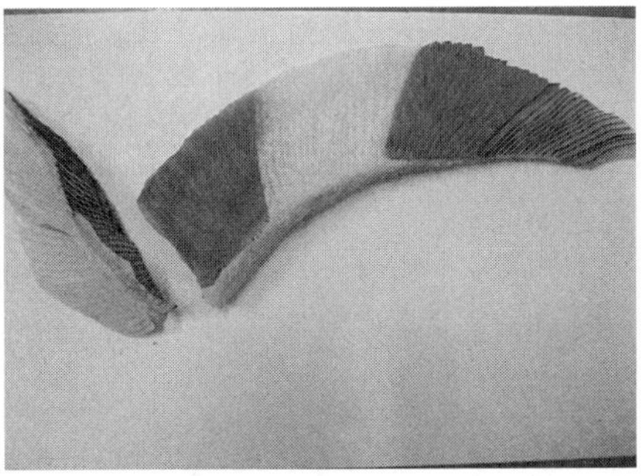

图 4-11-9

图 4-11-10

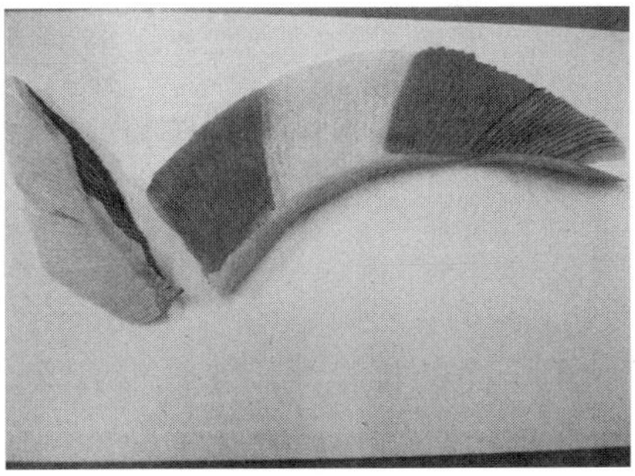

图 4-11-11

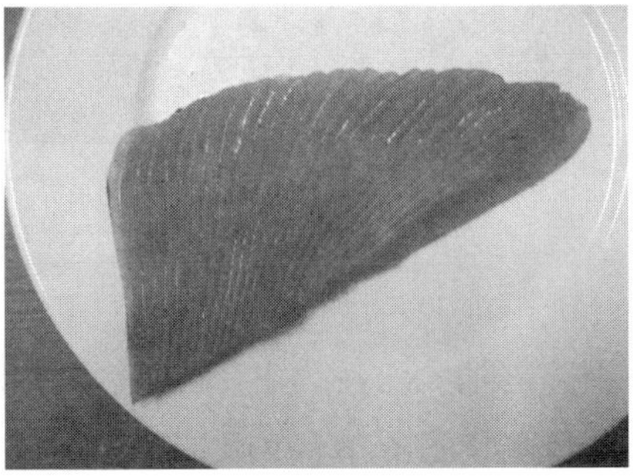

图 4-11-12

图 4-11-13

图 4-11-14

图 4-11-15

图 4-11-16

5. 衬托

将心里美萝卜切成薄片,切上蓑衣花刀,拼摆成小花;将药芹丝做成花柄装上,如图 4-11-17、图 4-11-18 所示。

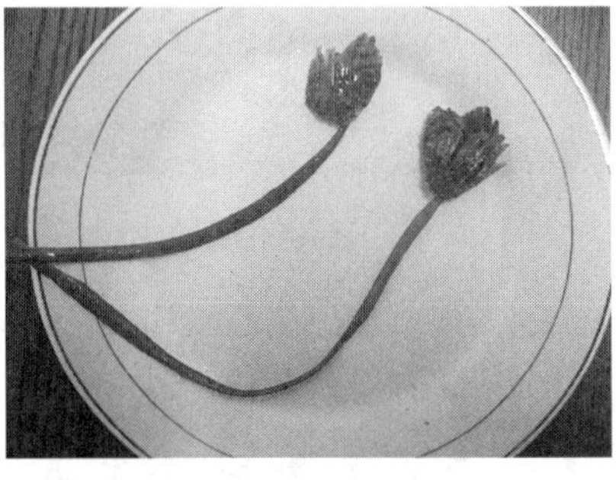

图 4-11-17

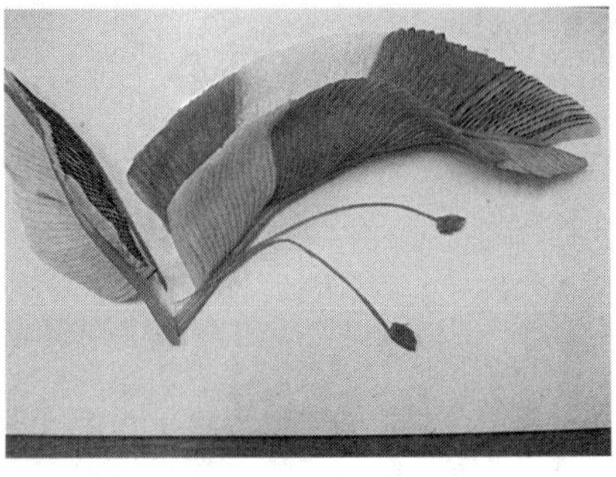

图 4-11-18

6. 保鲜

在小碗内加入比例为 1∶1 的冷开水和芝麻油,用干净的排笔蘸着水油混合液,沿着花色拼盘的线条由上而下(或由下而上)轻轻地抹刷。要注意一次蘸量不要过多,刷油时可将碗边多量的油轻轻抹去,防止水油混合液过多流到盘子里影响视觉效果。

任务实施

1．示范

采用多媒体方式讲解工作任务，剖析主题设计、拼摆步骤、拼摆要领，展示成品彩图。学生有序观摩，待制作完成后，有序进行拍照，形成初步的印象。

2．下达“工作任务计划书”

工作任务计划书的内容及要求如下：

（1）根据制作“一叶情思”拼盘的任务分析，分解工作任务，如拼盘的图案设计、原料选购及用量、垫底、原料加工及盖面、衬托和保鲜等。

（2）按任务分析中的步骤制作“一叶情思”拼盘，注意原料的加工方法和拼摆技巧。

（3）拼盘制作以个人制作为主，原料选购可采取合作的方式。

（4）“原料选购”一栏要写明原料的名称、色彩、形状等。应能够事先了解市场行情，并对拟购买的原料进行估价。

3．学生制作（个人练习）

（1）原料、制作方法同“示范”。

（2）练习要求：要掌握“一叶情思”拼盘的主题设计和原料选购，掌握垫底的方法与技巧，掌握盖面技巧，学会衬托元素的选择与运用及保鲜方法等。在制作冷拼时一定要保持原料的新鲜；堆放时一定要整齐完美、形态饱满、造型逼真、色彩艳丽、对比协调。

任务评价

1．自我评价

该评价主体是学生，由学生参照该菜品应有的评定标准对其制作的冷菜成品进行自我评价，参照表 4-11-1 的内容执行并将训练情况如实地填入表内。

表 4-11-1　“一叶情思”拼盘制作自我评价表

主要工艺环节	操作规范执行情况	存在问题	解决思路与方法
图案设计			
原料选购			
垫底			
原料加工与盖面			
衬托			
保鲜			

2. 教师评价

任课教师或指导教师在学生自我评价的基础上，参照该拼盘应有的标准和操作规范对学生作品进行综合评价，并将分值填入表4-11-2中。

表4-11-2　教师参照标准评价表

项目 / 分值 / 姓名	主题设计	象形程度	熟练程度	原料利用	刀工刀法	刀面排列	色彩搭配	整体效果	卫生	合计
	10	10	15	10	15	10	10	10	10	

问题讨论

1. 制作“芭蕉叶”时应注意哪些问题？
2. 制作“一叶情思”拼盘时，刀工成形与拼摆的关键是什么？
3. 制作“一叶情思”拼盘的技术关键点有哪些？
4. 根据需要，创新设计一款“一叶情思”拼盘。
5. 根据“一叶情思”拼盘的制作过程，写出实验报告。

以上问题可以通过列表分析的方法对各个关键点进行分析和探讨，如表4-11-3所示。

表4-11-3　关键点分析表

菜品名称	构图元素	原料色彩	加工形状	拼摆方法	装盘效果

启发教学案例

根据上述“一叶情思”拼盘制作的方法和要领，通过领悟和习得，设计并完成另一款相类似的拼盘制作案例。

提示：从花色拼盘的原料选购入手，选择一些物美价廉的冷菜原料来制作花色拼盘。充分利用原料的色泽、形状、刀面、造型、拼摆层次、整体效果等来设计拼盘，注意突出主料、色彩对比与调和、刀面处理、刀工、刀法和拼摆手法等。

任务十二　制作“蝶恋花”拼盘

◆任务介绍

根据“蝶恋花”的含义和意境进行设计，以蝴蝶、鲜花等为设计主题要素，选用不同形状、不同口味、不同色彩、不同质地、符合造型要求的冷菜原料，经过垫底、修整形状、刀工切片、刀面组织与盖面等制作工序，采用多种刀工技法和排、堆、叠、围等造型手法，制作成造型逼真、色彩分明、形态饱满、重心稳定的主题图案，体现“蝶恋花”主题和各种原料之间的完美组合，做好保鲜和陈列工作。

◆教学目标

* 熟知“蝶恋花”拼盘的图案设计、原料选购及用量、垫底、原料加工与盖面、衬托和保鲜的工作过程
* 掌握制作“蝶恋花”拼盘的实践操作规范和方法
* 严格按照要求掌握“蝶恋花”的拼摆方法与操作要领
* 掌握“蝶恋花”冷拼的工艺流程
* 举一反三，学会类似冷拼的制作方法

◆重点与难点

* “蝶恋花”拼盘的图案设计、垫底、原料加工与盖面
* 掌握“蝶恋花”拼盘图案设计、原料选购及加工、冷拼制作、保鲜的实践操作规范和方法
* 掌握不同性质原料的加工方法
* “蝶恋花”的拼摆方法与操作要领
* “蝶恋花”的拼摆要求与操作规范

任务分析

制作“蝶恋花”拼盘分图案设计、原料选购及用量、垫底、原料加工与盖面、衬托和保鲜六个步骤，具体分析如下：

1. 图案设计

选用圆盘，以艳丽的两只蝴蝶和灿烂的鲜花为表现主题。以蝴蝶为主体图案，细笔勾勒，全立体构造，体现蝴蝶不同的姿态和动感；以黑牡丹相衬，点明主题，体现出蝶恋牡丹花的动人情景，如图 4-12-13 所示。

2. 原料选购及用量

土豆泥 250 克、火腿肠 50 克、心里美萝卜 50 克、盐味胡萝卜 50 克、黄瓜 100 克、腌大头菜 30 克、黑木耳 30 克、大葱 10 克。

3. 垫底

将土豆泥在圆盘的中央堆成两个蝴蝶形，翅膀以身体为对称轴，呈两两对称，一只蝴蝶为半立体形，另一只蝴蝶为全立体形，如图 4-12-1 所示。

4. 原料加工与盖面

（1）将心里美萝卜和盐味胡萝卜修成蝴蝶的飘尾形，摆在蝴蝶尾部，如图 4-12-2 所示。

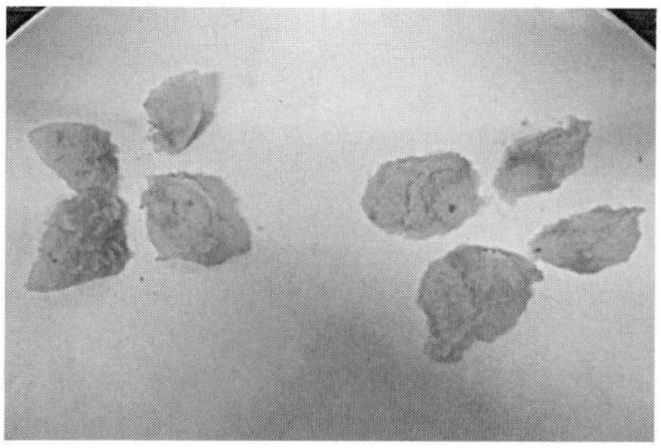

图 4-12-1

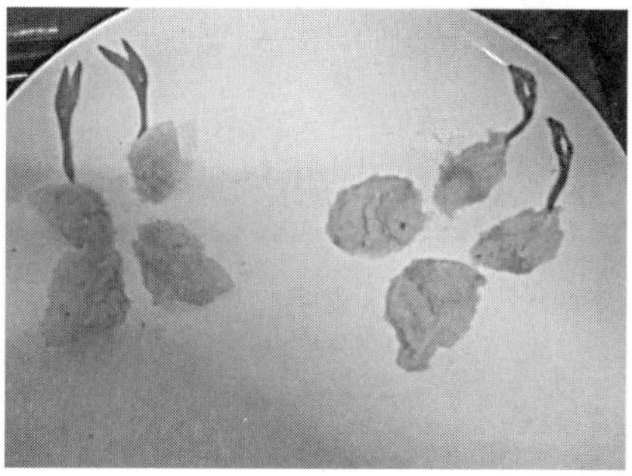

图 4-12-2

（2）将黄瓜切成蓑衣状，将火腿肠、心里美萝卜、盐味胡萝卜、腌大头菜分别修成心形，切成片，摆成整齐的刀面，覆盖在蝴蝶翅膀上。盖面时注意各种原料的色彩对比应协调，同时也要注意刀面的大小、疏密等变化情况，如图 4-12-3所示。

（3）将黄瓜修成蝴蝶身体，用蜜汁南瓜和红樱桃做成蝴蝶眼睛，分别放在相应的位置，图 4-12-4 至图 4-12-8 所示。

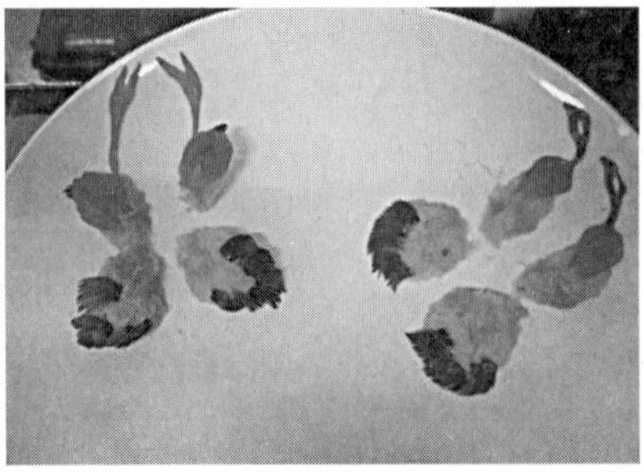

图 4-12-3

图 4-12-4

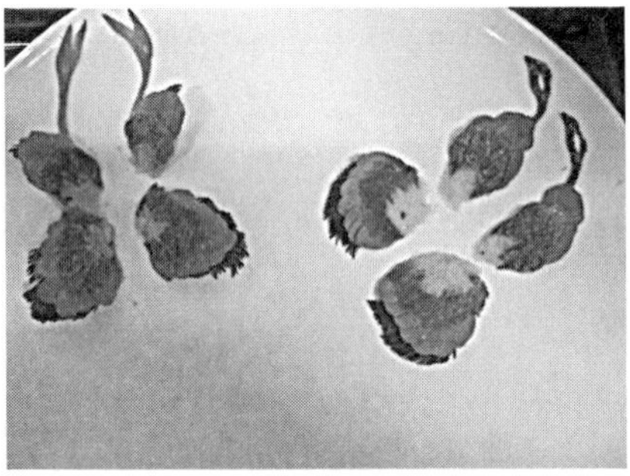

图 4-12-5

图 4-12-6

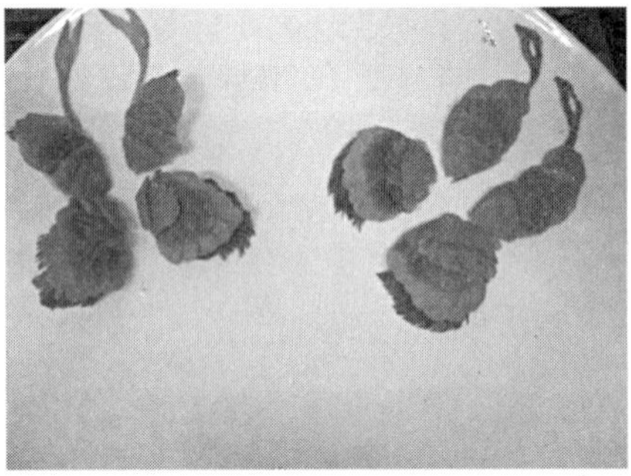

图 4-12-7

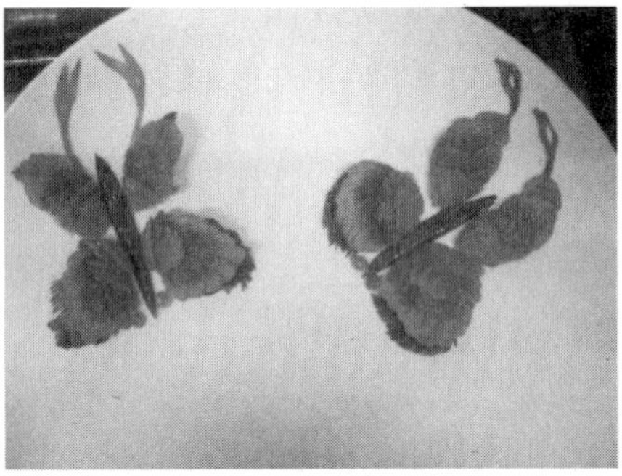

图 4-12-8

5. 衬托

将黑木耳修成花瓣形，在两只蝴蝶前面拼摆成黑牡丹，将黄瓜修成花叶和花柄放在相应位置，最后将大葱切成细丝装在蝴蝶头部作为触须，如图 4-12-9至图 4-12-13 所示。

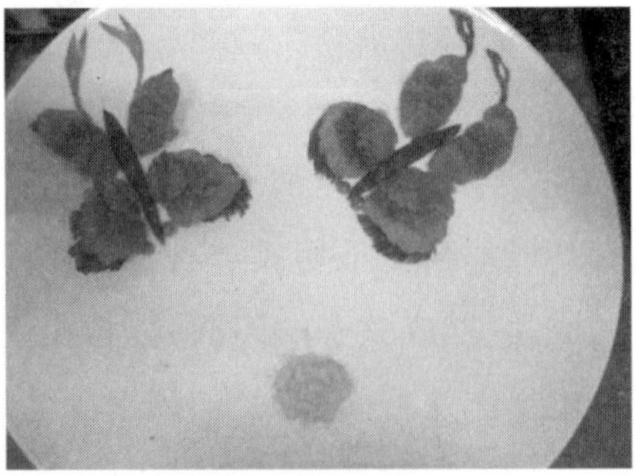

图 4-12-9

图 4-12-10

图 4-12-11

图 4-12-12

图 4-12-13

6. 保鲜

在小碗内加入比例为 1 : 1 的冷开水和芝麻油,用干净的排笔蘸着水油混合液,沿着花色拼盘的线条由上而下(或由下而上)轻轻地抹刷。要注意一次蘸量不要过多,刷油时可将碗边多量的油轻轻抹去,防止水油混合液过多流到盘子里影响视觉效果。

任务实施

1. 示范

采用多媒体方式讲解工作任务,剖析主题设计、拼摆步骤、拼摆要领,展示成品彩图。学生有序观摩,待制作完成后,有序进行拍照,形成初步的印象。

2. 下达"工作任务计划书"

工作任务计划书的内容及要求如下:

(1) 根据制作"蝶恋花"拼盘的任务分析,分解工作任务,如拼盘的图案设计、原料选购与用量、垫底、原料加工及盖面、衬托、保鲜等。

（2）按任务分析中的步骤制作“蝶恋花”拼盘，注意原料的加工方法和拼摆技巧。

（3）拼盘制作以个人制作为主，原料选购可采取合作的方式。

（4）“原料选购”一栏要写明原料的名称、色彩、形状等。应能够事先了解市场行情，并对拟购买的原料进行估价。

3. 学生制作（个人练习）

（1）原料、制作方法同“示范”。

（2）练习要求：要掌握“蝶恋花”拼盘的主题设计和原料选购，掌握垫底的方法与技巧，掌握盖面技巧，学会衬托元素的选择与运用及保鲜方法等。在制作冷拼时一定要保持原料的新鲜；堆放时一定要整齐完美、形态饱满、造型逼真、色彩艳丽、对比协调。

任务评价

1. 自我评价

该评价主体是学生，由学生参照该菜品应有的评定标准对其制作的冷菜成品进行自我评价，参照表 4-12-1 的内容执行并将训练情况如实地填入表内。

表 4-12-1 “蝶恋花”拼盘制作自我评价表

主要工艺环节	操作规范执行情况	存在问题	解决思路与方法
图案设计			
原料选购			
垫底			
原料加工与盖面			
衬托			
保鲜			

2. 教师评价

任课教师或指导教师在学生自我评价的基础上，参照该拼盘应有的标准和操作规范对学生作品进行综合评价，并将分值填入表 4-12-2 中。

表 4-12-2　教师参照标准评价表

项目 / 分值 / 姓名	主题设计	象形程度	熟练程度	原料利用	刀工刀法	刀面排列	色彩搭配	整体效果	卫生	合计
	10	10	15	10	15	10	10	10	10	

问题讨论

1. 制作“蝴蝶”时应注意哪些问题?
2. 制作“蝶恋花”拼盘时,刀工成形与拼摆的关键是什么?
3. 制作“蝶恋花”拼盘的技术关键点有哪些?
4. 根据需要,创新设计一款“蝶恋花”拼盘。
5. 根据“蝶恋花”拼盘的制作过程,写出实验报告。

以上问题可以通过列表分析的方法对各个关键点进行分析和探讨,如表 4-12-3 所示。

表 4-12-3　关键点分析表

菜品名称	构图元素	原料色彩	加工形状	拼摆方法	装盘效果

启发教学案例

根据上述“蝶恋花”拼盘制作的方法和要领，通过领悟和习得，设计并完成另一款相类似的拼盘制作案例。

提示：从花色拼盘的原料选购入手，选择一些物美价廉的冷菜原料来制作花色拼盘。充分利用原料的色泽、形状、刀面、造型、拼摆层次、整体效果等来设计拼盘，注意突出主料、色彩对比与调和、刀面处理、刀工、刀法和拼摆手法等。

项目五 冷菜和冷拼创新设计与制作

1. 项目介绍

冷菜和冷拼创新就是根据冷菜制作和拼摆的一般规律，在原料选择与运用、烹调方法、味汁与味型调制、装盘技法、盛器选用等方面超越前人做法，从而使产品更加符合现代人的需求。

冷菜和冷拼创新不但符合社会经济发展的需要，也是冷菜制作技术自身发展的必然之路，只有改革、创新，才能使冷菜不断地推陈出新。

本项目主要介绍冷菜和冷拼创新的知识和实例，旨在引导学生形成创新思维，学会创新方法，在生产实践和主题设计中能将创新方案制作出来。在学习中，学生占主导地位，教师提供必要的引导和指导。

2. 项目目标

* 明确冷菜和冷拼的创新原则
* 明确冷菜和冷拼的创新原则
* 懂得冷菜和冷拼创新开发的思路和方法
* 懂得冷菜和冷拼创新开发的思路和方法
* 学会运用创新的知识来指导冷菜和冷拼的创新实践
* 能够对一定数量的冷菜和主题拼盘进行创新

3. 教学重点和难点

* 冷菜和冷拼创新开发的思路和方法
* 冷菜和冷拼创新开发的思路和方法
* 运用创新的知识来指导冷菜和冷拼的创新实践
* 按照特定的要求设计并制作冷拼图案
* 在实践中形成创新思维

任务一　认知冷菜和冷拼创新的基础知识

◆任务介绍

餐饮市场的竞争是多方面的，菜品质量和菜品品种的竞争是其中备受关注且极其重要的竞争内容之一，其竞争的关键就在于菜品的创新。冷菜是菜品的主要构成。本任务围绕创新目标，主要介绍冷菜和冷拼创新的概念、方向性、目的和意义、原则、方法等。学生通过学习，能够掌握冷菜和冷拼创新的基本理论知识，树立创新意识，锻炼创新思维，掌握创新方法，提高创新能力。

◆任务目标

* 熟知冷菜和冷拼创新的概念
* 了解冷菜和冷拼创新的方向性
* 掌握冷菜和冷拼创新的原则
* 学会并运用冷菜和冷拼创新的方法
* 进行冷菜和冷拼创新设计
* 逐步形成冷菜和冷拼创新能力

◆重点与难点

* 冷菜和冷拼创新的概念
* 把握不同时代冷菜和冷拼创新的方向性
* 冷菜和冷拼创新的方法
* 冷菜和冷拼的创新设计
* 冷菜和冷拼创新能力的培养

一、 创新的概念

创新是指人们为了达到一定的目的,在遵循事物发展规律的基础上,对事物的整体或某个部分进行变革,从而使其得到更新和发展的活动。

创新的内涵是多方面的,可以是事物由一种形态变为另一种形态;可以是事物的内容和形式由于某些新的元素的增加而得以丰富、充实、完善等;也可以是事物因其内部构成因素的重新组合,从而结构更加合理、表达更加全面。

二、 冷菜和冷拼创新的方向性

无论是冷菜还是冷拼,其创新过程都属于产品研发的范畴。对冷菜和冷拼进行创新,首先应该明确创新的正确方向和目的,再采用行之有效的策略和技巧,并遵循科学的制作步骤,这样才会卓有成效。另外,冷菜和冷拼的创新还应该符合社会公德、消费者的爱好,并有利于提高人们的健康水平。在此基础上进行冷菜创新,应该把握以下五个方向:

1. 时代性

不同的时代,人们对于饮食的追求不同,创新出来的菜品风格也不同。例如,20 世纪 80 年代,人们推出了“仿古菜”“家常菜”“海鲜菜”“野味菜”等;90 年代,人们倾向于回归自然,“纯天然”“无公害”“无污染”成为创新的评价依据,因此,药膳、减肥菜品、粗粮菜品、野菜、昆虫菜品等便成为人们创新的方向;近年来,“绿色”“低碳”“健康”“营养”成为创新的方向,主张以味为核心,注重意境食品,提倡健康饮食,改良菜、迷宗菜、创意菜、分子菜等悄然成为时尚。

2. 民族性

我国幅员广阔、民族众多,每个民族都有自己的创意菜品,因此,在进行菜品创新时,一定不能忘记民族的个性特征,这是菜品创新的精髓。在原料的选购、加工、组配、烹调、装盘等各个方面都要不断挖掘和发扬各民族的个性特长,充分体现民族文化的独特性。

3. 地域性

冷菜和冷拼的创新受到地理环境的影响。一般来说,随着交通的发达,中外交往日益频繁,各地饮食文化都在潜移默化地影响着烹饪者的创作。随着社会的发展和交流的频繁,今后菜品的创新除了会体现浓郁的地方特色以外,同时会受到外来菜品的冲击和影响,这也更加加快了冷菜和冷拼的创新步伐。

4. 传承性

任何菜品的创新都是人类饮食文化长期演变的结果，菜品创新的传承性主要体现在原材料的选用、加工技法的运用、思维观念的变化、菜品风格的新颖性等方面。

5. 猎奇性

菜品创新实际上是由宾客的饮食猎奇心理引发的。人们往往想换换新口味、换换新款式，这既是心理需要，也是生理需要，而年轻人的猎奇心理尤为强烈。菜品的创新和改变都是为了满足食客的猎奇饮食心理。

二、 冷菜和冷拼创新的目的和意义

1. 激发顾客的欲望，满足顾客的需要

随着社会文明的进步、经济的发展及人们生活水平的日益提高，人们越来越注重改善饮食结构，追求菜品的食用价值和营养价值。与此同时，人们的审美意识也在不断增强，对美的追求与日俱增，食客的需求也在悄悄地发生变化。原来，人们追求的是温饱，要求菜品分量足、够实惠，用大鱼、大肉制作的冷拼很受欢迎；现在，人们生活富裕了，营养卫生和意境餐饮成为主流。因此，冷菜的创新应力求达到营养和卫生的要求，同时应力求体现意境之美，激发顾客的饮食欲望，刺激顾客消费。

2. 保持餐饮企业旺盛的生命力

市场上，餐饮企业保持旺盛生命力的关键就在于不断研发并推出新菜品。影响餐饮企业生存和发展的绝大部分因素都是建立在主导产品上的，而主导产品又是以企业的核心创新技术为基础的，因此，餐饮企业的发展离不开产品创新。

3. 引领饮食新风尚，提倡科学饮食，提高企业效益

冷菜制作的现状可以概括为三方面：一是有些传统菜品不符合现代营养科学的要求，且有濒临失传的危险；二是各种宴席冷菜或冷拼数量太多，大大超出营养需求；三是有些冷拼造型过于烦琐，既不符合快节奏生活的需要，也不符合现代饮食卫生的要求。随着消费群体饮食需求不断提升，创新冷菜和冷拼在各地餐饮企业中发展迅速，相当一部分餐饮企业通过创新冷菜获得了较好的经济效益，但也有不少企业在创新菜品上存在不合理的现象。

针对上述现状，冷菜工作者必须在继承、发扬及振兴中国传统冷拼制作的基础上，不断关注、研究低脂、低盐、低糖的创新冷拼，把握市场需求方向，使用绿色食品原料进行创新，严格进行食品营养与卫生控制，充分体现新时代的饮食情趣，提倡健康饮食、意境饮食。

4. 增强企业竞争力

餐饮企业要在市场竞争中生存,首先要有具有核心竞争力的产品,而具有核心竞争力的产品又是以优势技术条件为核心的。通过研发可以不断开发优秀的产品、不断开辟新市场,通过新工艺和新方法的研发,可以保证产品质量、降低成本。市场经济的规则说明:谁的产品最能适应市场的需要,谁就能赢得市场,谁就具有强大的市场竞争力。

三、 冷菜和冷拼创新的原则

1. 传承与改良相结合的原则

传统的冷菜和冷拼凝聚着历代厨师的智慧和创造力,不仅具有历史性,而且具有地方性和文化性,如镇江肴蹄、白云猪手、五香熏鱼等。传统菜大多选料精细、制作考究、注重火功、强调质感。分析冷菜和冷拼产生、发展、兴衰的原因,掌握其制作程序和工艺特色,传承、借鉴传统经验,对冷菜和冷拼创新有着不可忽视的作用。但是在继承、挖掘传统菜的同时,也要适应时代要求,要善于吸取传统菜的优秀部分并进行改良,尤其在原料的开发与运用、烹调方法的改良、调味品的使用等方面应当打破常规、不断改良、大胆创新。

2. 循序渐进与勤学苦练相结合的原则

创新不是变魔术,不能无中生有,创新菜品也不是重大发明。如果把创新菜品想得神乎其神,这只能使厨师望而生畏,不敢或不愿意参与创新。当然,创新也绝不是毫不费力的差事,胡乱搭配的菜品也不可能被市场认可。

创新是有规律可循的,一般是将原料、调味品及烹调方法等重新组合;或根据顾客的需求,借鉴某些菜品,进行修改、添加、拆分、组合;或在生产制作工艺上,触类旁通,形成新的方法,进而做出新的菜品。如果连冷菜、冷拼的制作方法和原理都不会,又不去实践和总结,就很难在技术上有所突破,更谈不上创新了。所以只有在工作中勤学苦练、反复实验、不断总结,才能达到"创新"的水准,才能创造出受欢迎的菜品。

3. 消费观念与市场需求相结合的原则

创新是为了满足消费者的需求,因此,菜品要随着市场潮流而变动,但并不意味着每时每刻都要变化。快节奏、高频率地推出新菜品,大面积地调整菜单,反而可能让客人无所适从。

创新不能故弄玄虚,必须从市场需求出发,认真研究消费者的消费观念和消费心理,朝着消费者感兴趣的方向努力,就会形成有条理的创新思路。例如,现代人讲究平衡膳食,因此在设计宴席菜单时,冷菜或冷拼就不能以荤菜为主,而要做到荤素合理搭配。

4. 中西合璧、融会贯通的原则

科学地运用中外先进的新思想、新观念、新食材、新工艺、新口味，科学地走中西合璧的道路，但要明白本地口味依然是消费的主流。

我国冷菜与冷拼的制作有几千年的历史，各大菜系都有独具特色的冷菜与冷拼制作方法，我们应当在继承传统制作技艺的基础上，吸取各大菜系的优点，大胆改革，为我所用。同时，还要借鉴国外制作冷菜与冷拼的方法与经验，如各种调味品和各种西餐设备的应用等，来改变冷菜与冷拼的制作模式，从而达到创新的目的。

要使外来饮食文化真正符合我国消费者的需求，就应充分融合我国冷菜、冷拼制作的优秀技艺（如烹饪方法中的酱、卤、腌、糟、拌等，拼摆手法中的排、堆、拼、叠等，装盘形态中的图案式、象形式、抽象写意式、多碟组合式等）与国外优秀的饮食文化，形成独有的烹饪文化，这样才能真正创新出符合国人需求的优秀菜品，才能推陈出新，给客人一种新、奇、特的感觉。

四、 冷菜和冷拼创新的方法

1. 原料创新

市场上每年都会有新的烹饪原料出现，这些新原料可以被用来创造出一批新菜品。原料创新，就是通过正规、安全、可靠的渠道获取新的原料，并将其制作成具有新意的菜品。原料创新可以从以下两个方面进行：

（1）西料中用

西料中用就是把西餐原料运用到中餐冷菜和冷拼制作中来，这样既可增加冷菜、冷拼的花式品种，也适应了市场需求。我国加入世贸组织后，西方的烹调原料，如荷兰豆、西兰花、鸵鸟肉、澳洲龙虾等，大量涌入我国；调味品中的西式香料和各种调味酱，如番茄酱、咖喱酱、沙爹酱等，也被广泛应用到中餐中。只要认真研究西餐的一些制作方法，我们完全可以做到“他山之石”为我所用。在保持我国传统冷菜和冷拼制作精髓的基础上，通过不断挖掘，不断丰富冷菜和冷拼品种。

（2）土料洋用

乡土气息浓郁的原料，如南瓜、山芋、菜干、核桃花、马齿苋等，通过烹制方法、组合手段、造型方式等方面的变化，可以制作成精细菜品，制作出不一般的口感。家常土菜中融合高档菜品的口味，让食客看起来似曾相识、尝起来若有所思、吃完后念念不忘。

2. 技法创新

根据烹饪原理及成菜特点，在我国传统烹饪技法的基础上，打破面点、冷菜、热菜等泾渭分明的固定格局，积极改良组合，通过借鉴、联想，采用新方法来制作新菜品。

(1) 巧妙借鉴法

巧妙借鉴法就是将某一菜系中的某一菜品或几个菜系中较成功的技法、调味方法、装盘技巧等应用到某一个冷菜、冷拼制作中的一种方法。例如，“鱼香素烧鸡”就是按“素烧鸡”制法，加上四川菜系的“鱼香”味创新而成的，改变了过去“素烧鸡”口味单一的状况。这种借鉴其他菜系的做法，使菜品在原料、制法、调味、装盘等方面兼容他菜长处，从而达到了技术进步和新品种开发的目的。

(2) 发散联想法

发散联想法就是有意识地改变对某一菜品的制法及装盘等方法的思维定式，设法对已有的原料、烹调方法、装盘等从新的角度去思考，从而获得新颖独特效果的一种方法。例如，“荷塘蛙鸣”这一艺术拼盘，整个画面只有一张荷叶和一只青蛙，朴实无华，使人联想到夏日田园、蛙声满堂的情景，向人们展示出一幅充满生机和生活气息的图画。这一创新因其形象逼真而被众人称道。照样模仿就谈不上是什么创新，但只要略做想象：除了荷叶，还有哪些植物叶片易惹人喜爱，就可进行创新——将“荷境”与“田园小景”结合就是通过有意识的联想而达到创新的目的。

(3) 自然捕捉法

自然捕捉法就是直接从自然界中吸取“营养”而获得冷菜、冷拼创作的灵感。如创造花色拼盘时，要对各种生物、景物的结构、形态或特征进行认真的观察，加以必要的夸张、简化、添加等手法，就能创新出“胜似自然”的艺术效果。

3. 口味创新

无论多么好吃的菜品，如果口味一成不变，也会逐渐走向没落。所以，应不断调整、丰富冷菜和冷拼口味。对调料品种和用量进行不断改良，是创新菜品最简单也是最常用的方法。

(1) 西味中烹法

将西餐烹饪的调味料、调味汁或调味方法用于中式冷菜和冷拼，这种中西合璧的菜品是当今冷菜和冷拼创新的一个流行思路。其成品既有传统中式冷菜和冷拼之情趣，又有西餐菜品之风格，既丰富了菜品的口味特色，又丰富了菜品的质感造型，如千岛石榴虾、沙拉海鲜卷、XO 酱拌百合、咖喱汁卤凤爪、芥末拌青笋等。

(2) 水果菜烹法

水果菜烹法即将水果、果汁作为冷菜和冷拼的主料、辅料或调味料。近年来，这种运用水果、果汁制作菜品的做法越来越流来。新鲜的果酱和果汁营养丰富、果香浓郁、清鲜爽口，在宴会中如果穿插一两道水果或果汁冷菜或冷拼将是一种非常好的选择，如凉拌梨丝、橙汁瓜条、时果酱鱼柳、西瓜冻等。

4. 组合创新

对于一份美味可口的冷菜或冷拼，如果在装盘的方法与盛器，以及菜品的组合上进行调整，运用合理而得当的装饰手法，同样可以给人以新感觉。具体方法有：

（1）盛器变化

在冷菜或冷拼装盘时，不能只局限于用陶瓷作盛器，根据冷拼自身的特点，可用玻璃、竹子、大理石、贝壳、面粉、巧克力制成的盛器，或将各种水果的外壳等做成盛器来装盛，这种不拘一格的装盘方法，会使冷菜或冷拼的特色更为突出。

（2）搭配多变

将冷菜和冷拼的制作方法与热菜、点心的制作方法有机结合是冷菜和冷拼制作的又一风格，是一条创新之路。热菜和冷菜除在特点上有所差别外，在调味、烹调方法上则可相互借鉴。例如，冷菜中的“小葱拌豆腐”可借用热菜“麻婆豆腐”的调料拌入，可创新出“麻婆拌豆腐”。又如，“鱼松”本是一道冷菜，且很碎小、不方便食用，因此，可将鱼松摊在面点的油酥皮上卷好，下油锅煎制，再改刀成块。这种将冷菜和冷拼制作特点与热菜、点心制作方法相结合的方式，对开发冷拼新品种、优化菜品组合，无疑具有深远意义。

5. 改革创新

（1）数量上的改革与创新

习惯上，传统宴席冷菜的数量在 8 ~ 12 道不等，有的高规格的宴席还设计花色拼盘、10 个围碟、4 种干果、4 种调味等。按照这种传统习惯来安排冷菜或冷拼制作，常导致客人暴食暴饮、有损健康，也会造成食物资源浪费。因此，这样的做法是不可取的，应当提倡将冷菜或冷拼数量控制在 4 ~ 6 道或实行每客装盘制，讲究节约，去繁求简，不尚虚华，把好质量关。

（2）造型上的改革与创新

有的宴席冷菜和冷拼过分追求造型，一个花色拼盘从准备到制作要花几个小时，有些档次高的宴席，整个冷拼都以花色拼盘展示，这种制作复杂、费工费时的冷拼，一旦处理不当，就会给客人有种中看不中吃、华而不实的感觉。必须改革在冷菜、冷拼制作中过分讲究艺术性而忽视可食性的做法，从而创新出既有观赏性又有食用性的艺术拼盘。

（3）营养搭配的改革与创新

我国传统宴席比较追求原料的名贵、崇尚奢华宴席、选用荤食较多，这种不注重营养平衡的安排往往影响人体的正常消化、吸收和新陈代谢功能，长此以往易导致高血压、冠心病、营养缺乏症等。所以，要改变传统宴席菜品营养过剩的习俗，提倡荤素合理搭配、均衡营养的饮食理念，做到低糖、低脂肪、低盐和高纤维、高维生素、高蛋白的“三低”“三高”饮食结构，这样有利于人体健康。此外，应不断开发新品种，如可对“乡土菜”中的野菜进行广泛利用，有利于宴席菜品结构的创新。

（4）饮食方式上的改革与创新

目前，我国传统的宴席饮食方式普遍采用集体用餐形式，这种用餐形式从卫生角度来看是不科学的，容易传染疾病，因此是一种不良的进食习惯，必须加以改革。我们提倡冷拼“单上式”，即把几种冷拼装在一个盘内，略有造型，每人一份，这样既有利于食用，又有利于卫生；也可实行“分食式”或“自选式”等。这样的上菜方式既高雅又卫生，是饮食方式的发展趋势。

（5）菜品组配上的改革与创新

随着我国改革开放的深入，来中国旅游、工作的外国人越来越多，为了适应中外宾客的饮食习惯，我们应当在体现中国冷菜和冷拼特色的基础上，吸收国外宴席之精华。在菜品组配上，可选用一些国外的原料、调料和烹调方法来改良我国部分的传统菜品，使宴席菜品更有适应性、变化性和吸引性，使菜品风味、装盘艺术互相穿插、融为一体，为中国宴席改革与创新创出又一条道路。

任务二　冷菜创新设计与制作

◆任务介绍

把冷菜创新的基础知识应用到创新实践中，在教师的引导下，按照一定的设计思路和设计方法进行冷菜制作的创新设计，完成设计书书写、设计方案论证、设计方案制作等。通过设计书的书写，锻炼学生的创新思维和创新模式；通过设计方案的论证，培养学生对设计方案可行性的分析，立足实际，形成创新能力；通过设计方案的制作，培养学生根据方案进行实践操作的能力，也是将设计方案转化为生产实际的能力。

◆任务目标

* 熟知冷菜创新的工作任务
* 产生冷菜创新的思路和方法
* 掌握设计书的书写方法
* 通过设计方案论证，形成创新能力、协作能力和语言表达能力
* 形成将设计方案转化为生产的能力

◆重点与难点

* 形成冷菜创新的思维与方法
* 创新设计书的书写规范
* 设计方案的论证
* 设计方案的转化

任务分析

冷菜创新设计与制作的工作任务分为设计思路形成、设计书书写、设计方案论证、设计方案制作与设计方案评价五个步骤,具体分析如下:

1. 设计思路形成

冷菜的创新思路包括从收集创意到制作创新产品的全过程。一份优质冷菜的创新思路的形成需要经过收集创意、遴选创意、孵化创意三个阶段。

(1) 收集创意

冷菜创新品种的开发首先从寻求、收集创意开始。创意是对传统的叛逆,是打破常规的哲学,是破旧立新的创造,是思维碰撞、智慧对接。简而言之,创意就是具有新颖性和创造性的想法。虽然并不是所有的创意都可变成新的菜品,但寻求、收集尽可能多的创意思路与设想却可为开发冷菜创新品种提供更多的选择。

(2) 遴选创意

遴选创意就是对第一阶段收集的思路与设想进行筛选。首先应考虑的是生产价值,即该创意冷菜有无生产制作的必要。有些冷菜过于简单、省事,甚至不需要厨艺就可以完成;有些只是原料组合或原料名称有点新意;有些冷菜在餐饮企业中没有什么生产价值,如在酱油里放一块豆腐,用筷子捣烂即可食用等。其次要看是否有推广价值,即是否适宜较大规模的推广生产。有些冷菜过于精细、烦琐,难以推广生产。再次,还应关注经济价值,即看其盈利空间。一些原料成本较高,制作成冷菜后虽然有一定的新意,但升值空间不大,也不宜选用。

注意:不能选用国家禁止捕杀、加工、销售的保护动物作为烹饪原料,如熊掌、果子狸、娃娃鱼等;也尽量不要选用营养损失过多或有害人体健康的烹调方法,如老油重炸、传统烟熏等。

(3) 孵化创意

通过筛选,确定选用某一种新菜品的创意后,接下来的工作就是将创意变成产品。这需要一步一步地试制、修改、完善,具体步骤如下:

第一步:确定菜品名称。菜品名称在一定程度上反映菜品的某些特征,是人们初步了解菜品特色的首要依据。菜品名称是否合理、贴切、名实相符,都会影响人们对菜品的第一印象。因此对创新冷菜命名的总体要求是:名实相符、便于记忆、启发联想、促进传播。

第二步:强化营养卫生。吃得安全、健康是每个消费者的希望,也是菜品创新不可忽视的环节。要合理搭配不同营养物质,菜品的营养构成比例要符合人体的消化吸收规律。

在烹调加工中要尽可能保留原料营养,使其尽量少流失。在原料选择、洗涤、切配、烹调、装盘、销售等过程中要保持清洁,包括原料处理要干净、盛菜器皿要消毒等。

第三步:尽显外观色泽。菜品色泽是否悦目、搭配是否和谐,是创新冷菜能否成功的一项重要因素。赏心悦目的色泽可以使人们产生某些奇特的感觉,从而激发消费心理。菜品的色彩与人的食欲、情绪等方面存在着一定的联系,一份色彩配搭和谐的冷菜可以引起人们的食欲;若色彩搭配凌乱,则会使人产生不悦之感。

第四步:注重香气。香气是令人感到愉快、舒适的气息的总称,会影响人们的饮食心理和食欲,对消费者产生巨大的诱惑力。在创新菜品制作过程中,不能忽视对香气的要求。因此,要使创新冷菜畅销,就必须使菜品的香气突出。

第五步:提升味感。味感是指由于食物在口腔内刺激味觉器官感受系统而产生的一种感觉,即菜品的滋味,主要包括菜品原料本味和调料味等。味感是评判菜品质量高低最重要的一个因素。味道的好坏,是人们评价创新菜品最重要的标准。因此,好吃也就自然成为消费者对厨师烹调技艺的最高评价。

第六步:精湛刀工。刀工处理成型(如原料大小、厚薄、长短、粗细等)是菜品装盘造型必不可少的一个环节。中国烹饪厨师的刀工精湛,在充分利用鲜活原料和特色原料的基础上,运用包卷、捆扎、翻扣、裱绘、镶嵌、捏挤、拼摆、模塑等造型方法,使菜品成了活灵活现的艺术品。创新菜品的造型风格是视觉审美中先入为主的重要一项,值得厨艺工作者去思考和实践。

第七步:火候恰当。火候是指菜品烹调过程中所用的火力大小和时间长短。烹调时,一方面要从燃烧烈度鉴别火力的大小,另一方面要根据原料性质掌握成熟时间的长短。两者统一,才能使菜品烹调达到标准。火候控制好了,才能使菜品显示一定的质地,如成熟度、爽滑度、脆嫩度、酥软度等。

中国地域面积广阔,气候、物产均有差异,各地区人们对菜品的评判也会不同,但总体要求是利牙齿、适口腔、诱发食欲,使人们在咀嚼品尝时产生可口、舒适之感。不同的菜品有不同的质感,这要求火候掌握得当。菜品原料多种多样,有老、有嫩、有硬、有软,烹调中的火候运用要根据原料质地来确定。对于软、嫩、脆的原料多用旺火速成,对于老、硬、韧的原料则多用小火长时间烹调。通过火候的控制,可创造出有"质感之美"的菜品。

2. 设计书书写

设计书是开发和创新一个菜品的理论方案,设计书的写作应有理有据、有特色、有创意。科学的设计书应包括菜品名称、创新背景、前人研究状况、现状分析、创新方案设计、实验条件分析和预期目标等栏目内容。设计书的书写可参照表 5-2-1。

表 5-2-1 冷菜创新设计书

<table>
<tr><td colspan="2">冷菜名称</td><td></td></tr>
<tr><td colspan="2">创新背景</td><td></td></tr>
<tr><td colspan="2">前人研究状况</td><td></td></tr>
<tr><td colspan="2">现状分析</td><td></td></tr>
<tr><td rowspan="13">创新方案</td><td>主料</td><td></td></tr>
<tr><td>辅料</td><td></td></tr>
<tr><td>调料</td><td></td></tr>
<tr><td>刀工加工</td><td></td></tr>
<tr><td>色彩与色调</td><td></td></tr>
<tr><td>香气</td><td></td></tr>
<tr><td>味型设计</td><td></td></tr>
<tr><td>制作流程设计</td><td></td></tr>
<tr><td>制作手法选用</td><td></td></tr>
<tr><td>营养设计</td><td></td></tr>
<tr><td>盛器选用</td><td></td></tr>
<tr><td>装盘式样</td><td></td></tr>
<tr><td>效果图</td><td></td></tr>
<tr><td colspan="2">支撑实验条件</td><td></td></tr>
<tr><td colspan="2">预期目标及进展</td><td></td></tr>
</table>

3. 设计方案论证

设计方案论证主要是针对上述设计书中已经列出的各项内容的可行性逐一进行研讨和分析、原理上能否行得通、现有的实验条件和技术条件能否支撑，并根据已经掌握的情况对该项创新产品的满意度进行分析等。论证的方法主要有自行论证、小组论证、师生共同论证、专家论证等。

4. 设计方案制作

设计方案制作就是根据已经设计好的创新方案进行实验和生产，将设计好的方案转化为生产实际。换句话来说，就是将设计好的理论方案制作出来，边制作边论证、边论证边制作，根据实践制作来完善方案，也可根据方案来完善操作实践。设计方案可以单人制作，也可以几个同学组成一个小组共同制作完成，如果条件许可的话，还可以请老师和餐饮企业的专家一同参与制作。

5. 设计方案评价

设计方案评价主要由两个方面组成,一是理论方案的评价,二是市场评价。理论方案的评价主要由制作小组、教师和餐饮企业专家共同评价,主要是根据以往的生产经验对方案的可行性进行分析、评价。市场评价就是创新菜品在经过可行性分析、遴选创意,并根据优选的创意方案开发出一份理想的样品之后,将其作为商品进行市场化运作。换句话说就是将新菜品推向市场,让其直接与消费者见面,检验其实际效果,观察菜品的市场反应,通过餐厅的试销得到反馈信息。制作者可参考、分析这些反馈信息来完善菜品,并根据完善情况及市场反应情况来决定是保留还是放弃这一新菜品。

任务实施

1. 示范

采用多媒体方式,结合具体案例讲解工作任务,包括设计思路形成、设计书书写、设计方案论证、设计方案制作与设计方案评价。

2. 下达“工作任务计划书”

工作任务计划书的内容及要求如下:

(1) 设计思路形成。根据自己熟悉的菜品或者曾经比较流行的菜品,对色、香、味、形、器、质感、营养和加工技法等多方面进行发散性思维,寻找创意突破口。

(2) 设计书书写。具体写法可参照表 5-2-1 的形式,也可以自行设计。

(3) 设计方案论证。设计方案可以自己论证、自我否定;也可以请同学小组论证,取众人之长;还可以利用课堂时间进行答辩论证。通过论证,进一步确定设计方案的可行性。

(4) 设计方案制作。根据设计好的方案自行采购原料、自行准备,在规定时间内将设计方案转变为实践产品。

(5) 设计方案评价。这主要是指对制作完成的实践产品进行评价,是理论设计以后的结果验证,可以采用打分形式进行,也可以以商品形式或模拟货币形式进行综合评价。进行评价时一定要结合方案的实践操作性、生产可行性、推广必要性,不能偏离方向。

3. 创新操作(个人完成)

(1) 查找资料,完成设计书,书写方法同表 5-2-1。

(2) 创新实践:根据设计方案中的内容及步骤,自行采购原料、进行场外准备,并利用课堂时间独立操作完成创新菜品。

任务分析

1. 自我评价

该评价主体是学生，由学生参照该菜品应有的评定标准对其设计与制作的冷菜成品进行自我评价，参照表5-2-2的内容执行并将训练情况如实地填入表内。

表5-2-2　×××菜品创新设计与制作自我评价表

主要工艺环节	操作规范执行情况	存在问题	解决思路与方法
设计方案的创意			
设计方案的可行性			
实验条件支撑性			
原料选购			
加工技法			
加工形状			
调味调制			
质感设计			
营养设计			
装盘式样			
成本核算			

2. 教师评价

任课教师或指导教师在学生自我评价的基础上，参照该冷菜设计书及该冷菜应有的标准和操作规范对学生作品进行综合评价，并将分值填入表5-2-3中。

表5-2-3　教师评价表

姓名	评价项目及权重									合计
	创意	原料利用	加工技法	色泽	口味	质感	造型	营养	成本	
	10	10	15	10	15	10	10	10	10	

任务三　冷拼创新设计与制作

◆任务介绍

把冷拼创新的基础知识应用到创新实践中，在教师的引导下，按照一定的设计思路和设计方法进行冷拼制作的创新设计，完成设计书书写、设计方案制作等任务。通过设计书的书写，锻炼学生的创新思维和创新模式；通过设计方案的制作，培养学生根据方案进行实践操作的能力，也是将设计方案转化为生产实际的能力。

◆任务目标

* 熟知冷拼创新的工作任务
* 产生冷拼创新的思路和方法
* 掌握创新设计书的书写方法
* 将设计方案制作成产品
* 形成冷拼创新能力

◆重点与难点

* 形成冷拼创新的思维与方法
* 创新设计书的书写规范
* 设计方案的制作
* 形成创新能力

任务分析

冷拼创新设计与制作的工作任务分设计思路形成、设计书书写、设计方案制作与设计方案评价四个步骤。具体分析如下：

1. 设计思路形成

创新思路包括冷拼主题的确立、图案素材的选取、图案素材的布局三个方面。

（1）主题的确立

冷拼主题主要是根据宴席主题而确立的，选用一些具有代表性的图案或者选用一些寓意深刻的图案来表达特定的主题思想，能够展现冷拼工艺、营造出氛围独特的完美画面，给人留下深刻印象。可以借助自然物象、文学描述、典故记载、书画、传说等寻找或想象出创意独特、具有新颖性和创造性的图案元素，并将这些元素巧妙地加以组合，使其能完美地体现主题思想。

（2）图案素材的选取

图案素材一定要选取一些具有代表性的，能够充分体现主题的元素。同时，这些元素还必须具有良好的寓意，是符合民族文化和宗教特点、令人愉悦的图案。一般不要选取违背民风民俗的图案，否则效果会适得其反。

（3）图案素材的布局

图案素材的布局就是在选取好素材以后，将这些图案素材巧妙地进行摆放，使其能够完美地体现主题思想，达到令人深思的目的。

图案素材的布局要考虑以下三方面的关系：

① 主体与次体的关系。首先要确定在已经选取的图案元素中哪个是主体、哪个是次体。主体图案一般只有一个，所占面积大一些，次体图案要小一些；主体图案要细笔勾勒，次体图案要简笔勾勒；主体图案要在显眼位置、艳丽一些，次体图案则要位置偏一些、色调暗一些。

② 动与静的关系。一幅完美的画面，一般既有动景也有静景，或以静衬动，或以动衬静。只有动中有静、静中有动、动静结合，方为完美生趣之画面。

③ 对称与平衡的关系。对称是同形同量的组合，体现的是规则化运动，有静的趋势；平衡是同形不同量、同量不同形、不同形不同量的组合，体现的是不规则运动，有动的趋势。巧妙地处理好两者之间的关系，可以使图案的重心稳定，给人以庄重之感。

2. 设计书书写

设计书是开发和创新一个菜品的理论方案，设计书的写作应有理有据、有特色、有创意。科学的设计书应包括菜品名称、图案素材的选取、图案素材的布局、创新图案制作及效果图等栏目内容。设计书的书写可参照表5-3-1。

表5-3-1　冷拼创新设计书

<table>
<tr><td colspan="2">冷拼名称</td><td></td></tr>
<tr><td colspan="2">图案素材的选取</td><td></td></tr>
<tr><td colspan="2">图案素材的布局</td><td></td></tr>
<tr><td rowspan="7">创新方案</td><td>原料选购</td><td></td></tr>
<tr><td>原料加工</td><td></td></tr>
<tr><td>垫底</td><td></td></tr>
<tr><td>料型加工与盖面</td><td></td></tr>
<tr><td>色彩与色调处理</td><td></td></tr>
<tr><td>制作手法选用</td><td></td></tr>
<tr><td>盛器选用</td><td></td></tr>
<tr><td colspan="2">效果图</td><td></td></tr>
</table>

3. 设计方案论证

设计方案论证主要是针对上述创新设计书中所列出的各项内容的可行性逐一进行研讨和分析，看看原理上能否行得通，看看现有的实验条件和技术能否支撑，看看图案的预评价效果，并根据已经掌握的情况，对该项创新作品的满意程度进行分析等。论证的方法可采用自我论证、小组论证、师生共同论证、专家论证等。

4. 设计方案制作

设计方案制作就是根据已经设计好的创新方案进行实验和生产，将设计好的方案转化为生产实际。换句话来说，就是将设计好的理论方案制作出来，边制作边论证、边论证边制作，根据实践制作来完善方案，也可根据方案来完善操作实践。设计方案可以单人制作，也可以几个同学组成一个小组共同制作完成，如果条件许可的话，还可以请老师和餐饮企业的专家一同参与制作。

5. 设计方案评价

设计方案评价主要由两个方面组成，一是理论方案的评价，二是制作成品评价。理论方案的评价主要由制作小组、教师和餐饮企业专家共同评价，主要是根据图案美法则及相关主题内涵进行分析评价。

任务实施

1. 示范

采用多媒体方式,结合具体案例讲解工作任务,包括设计思路形成、设计书书写、设计方案制作与设计方案评价。

2. 下达"工作任务计划书"

工作任务计划书的内容及要求如下:

(1) 设计思路形成。根据自己熟悉的冷拼菜品或者曾经比较流行的冷拼菜品进行创意筛选,或者根据文学作品中所描述的场景在自然界中寻找一些物象进行组合,多方面发散性思维,寻找一些创意突破口。

(2) 设计书书写。具体写法可参照上述表 5-3-1 的形式,也可以自行设计。

(3) 设计方案制作。根据设计好的方案自行采购原料、自行准备,在规定时间内将设计方案转变为实践产品。

(4) 设计方案评价。这主要是指对制作完成的实践产品进行评价,是理论设计以后的结果验证,可以采用打分形式进行,可以采用学生自评打分、小组打分和教师打分相结合的方法进行。

3. 创新操作(个人完成)

(1) 查找资料、完成设计书,书写方法同表 5-3-1。

(2) 创新实践:根据设计方案中的内容及步骤,自行采购原料、进行场外准备,并利用课堂时间独立操作完成创新产品。

任务评价

1. 自我评价

该评价主体是学生,由学生参照该菜品应有的评定标准对其设计与制作的冷拼作品进行自我评价,参照表 5-3-2 的内容执行并将训练情况如实地填入表内。

表 5-3-2　×××菜品创新设计与制作自我评价表

主要工艺环节	操作规范执行情况	存在问题	解决思路与方法
设计方案的创意			
主题体现			
素材选取			
原料选购			
加工技法			
加工形状			
垫底			
盖面			
装饰性元素拼摆			
装盘式样			
卫生状况			

2. 教师评价

任课教师或指导教师在学生自我评价的基础上，参照该冷拼设计书及该冷拼应有的标准和操作规范对学生作品进行综合评价，并将分值填入表 5-3-3 中。

表 5-3-3　教师评价表

姓名	评价项目及权重									合计
	创意	主题体现	加工技法	色彩	形状	刀工	拼摆	装饰	卫生	
	20	10	10	10	15	10	10	10	5	

参考文献

[1] 朱云龙主编:《冷菜工艺》,中国轻工业出版社,2009 年。

[2] 茅建民主编:《冷菜工艺教程》,中国轻工业出版社,2009 年。

[3] 霍亿亿主编:《冷菜设计与制作》,中国财富出版社,2004 年。

[4] 王跃辉:《西餐冷菜厨房》,中国人民大学出版社,2015 年。

[5] 王茂山、朱海涛:《中餐冷菜烹饪调味料》,化学工业出版社,2011 年。

[6] 李俊编:《冷拼制作实用教材》,金盾出版社,2015 年。

[7] 文岐福:《冷菜与冷拼制作技术》,机械工业出版社,2011 年。

[8] 韦昔奇、王琼、葛惠伟:《图解花色冷拼》,四川出版集团、四川科学技术出版社,2008 年。

[9] 朱云龙、周明扬编著:《中国冷菜》,中国商业出版社,1997 年。

[10] 丁应林、周明扬:《冷菜造型图谱》,中国商业出版社,1992 年。

[11] 彭景、陈玉:《烹饪营养学》,上海科学技术出版社,1989 年。

[12] 周明扬、胡小维:《图说冷菜造型》,上海科学技术出版社,1998 年。